CB069672

DARWIN

COLEÇÃO
FIGURAS DO SABER

dirigida por
Richard Zrehen

Títulos publicados
1. *Kierkegaard*, de Charles Le Blanc
2. *Nietzsche*, de Richard Beardsworth
3. *Deleuze*, de Alberto Gualandi
4. *Maimônides*, de Gérard Haddad
5. *Espinosa*, de André Scala
6. *Foucault*, de Pierre Billouet
7. *Darwin*, de Charles Lenay
8. *Kant*, de Denis Thouard
9. *Wittgenstein*, de François Schmitz

DARWIN
CHARLES LENAY

Tradução
José Oscar de Almeida Marques
Universidade Estadual de Campinas

Estação Liberdade

FIGURAS DO SABER

Título original francês: *Darwin*
© Société d'Édition Les Belles Lettres, 1999
© Editora Estação Liberdade, 2004, para esta tradução

Preparação de originais e revisões   Tulio Kawata
Projeto gráfico   Edilberto Fernando Verza
Composição   Nobuca Rachi
Capa   Natanael Longo de Oliveira
Assistente editorial   Flávia Moino
Editor responsável   Angel Bojadsen

CIP-BRASIL – CATALOGAÇÃO NA FONTE
Sindicato Nacional dos Editores de Livros, RJ

L58d

Lenay, Charles
    Darwin / Charles Lenay ; tradução José Oscar de Almeida Marques. – São Paulo : Estação Liberdade, 2004. –
(Figuras do saber ; 7)

    Tradução de: Darwin
    Inclui bibliografia
    ISBN 85-7448-087-8

    1. Darwin, Charles, 1809-1882. 2. Evolução (Biologia).
3. Seleção natural. 4. Naturalistas – Inglaterra – Biografia.
I. Título. II. Série.

04-0219.   CDD 575.0162
                                             CDU 575.8

Todos os direitos reservados à
Editora Estação Liberdade Ltda.
Rua Dona Elisa, 116   01155-030   São Paulo-SP
Tel.: (11) 3661-2881   Fax: (11) 3825-4239
editora@estacaoliberdade.com.br
http://www.estacaoliberdade.com.br

A Isabelle, Alice e Clémence

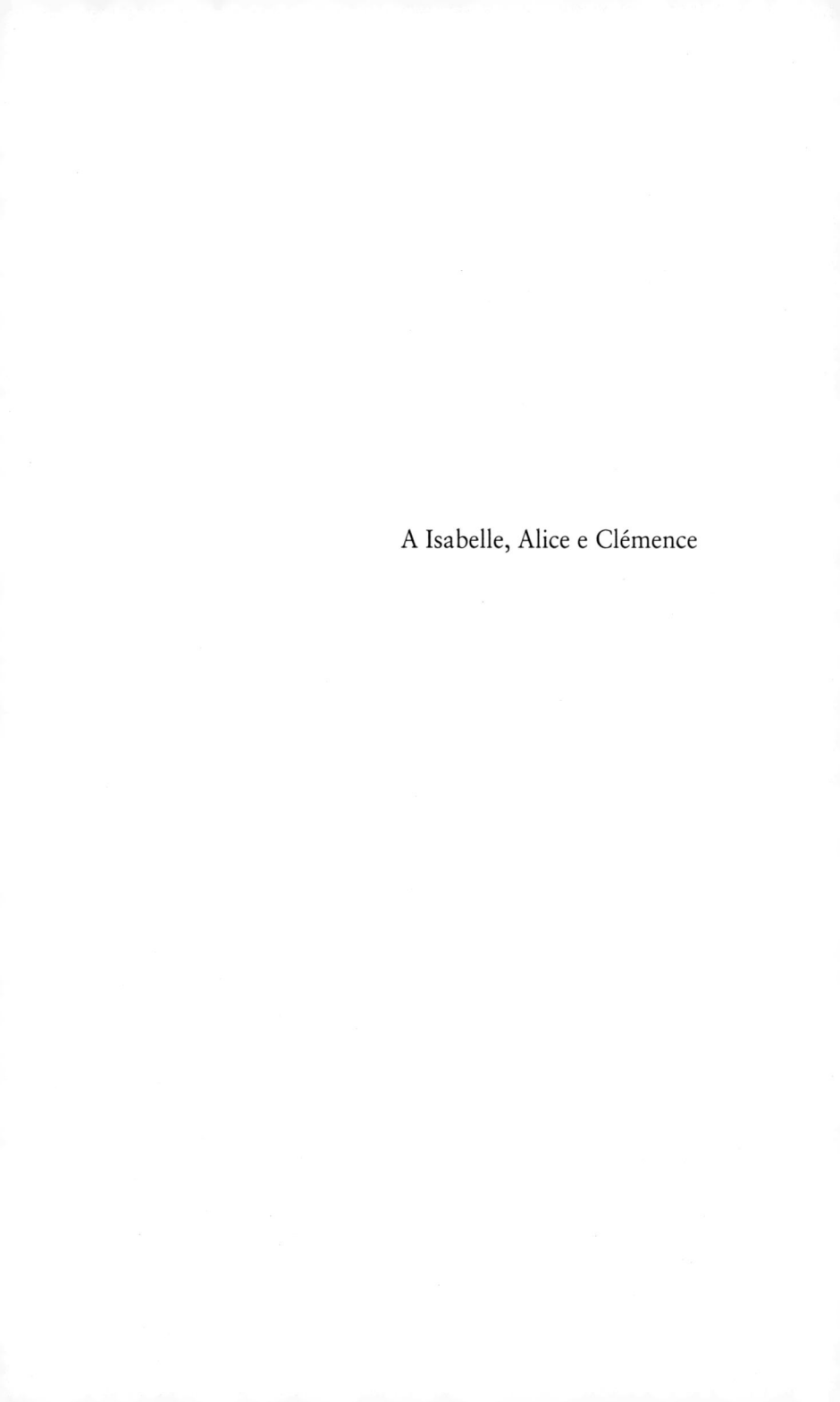

Sumário

Quadro cronológico   11

Introdução   13

1. As origens do darwinismo   19
   1. *Origens familiares*   19
   2. *A educação de Darwin*   29
   3. *A viagem*   42

2. O percurso da descoberta   49
   1. *O retorno*   49
   2. *Pouco antes da descoberta*   52
   3. *A descoberta*   56
   4. *O acaso darwiniano*   61
   5. *Um longo trabalho secreto*   72
   6. *O problema da divergência*   80

3. A recepção   87
   1. *Alfred Russel Wallace*   87
   2. *Oposição fixista*   93
   3. *Oposição determinista*   95
   4. *Oposição progressionista*   97

4. As pesquisas seguintes e a posteridade   109
   1. Os problemas da hereditariedade   109
   2. Seleção natural e humanidade   128

5. Ética e epistemologia   161
   1. Paradoxo ético da biologia darwiniana   161
   2. O esquema da seleção   165
   3. Conclusão   179

Bibliografia   185

Quadro cronológico

1730   Nascimento de Josiah Wedgwood (avô materno de Charles Darwin), que se tornará um importante industrial no ramo de louças.

1731   Nascimento de Erasmus Darwin (avô paterno de Charles), célebre médico, poeta e naturalista (*Zoonomia*, 1794-96).

1765   Erasmus Darwin e Josiah Wedgwood estabelecem amizade.

1766   Nascimento de Robert Darwin, terceiro filho de Erasmus, que se tornará um médico renomado.

1796   Casamento de Robert Darwin e Susannah, filha mais velha de J. Wedgwood.

1798   T. R. Malthus publica *An Essay on the Principles of Population*.

1809   Nascimento em Shrewsbury, a 12 de fevereiro, de Charles Darwin, segundo filho de Robert e Susannah. J.-B. Lamarck publica *La Philosophie zoologique*.

1812   Cuvier publica *Recherche sur les ossements fossiles*.

1817   Morte da mãe de Darwin.

1825-27   Estudos de medicina em Edimburgo.

1828-31 Estudos na Universidade de Cambridge tendo em vista uma carreira religiosa. Encontro com Henslow.

1831-36 Viagem ao redor do mundo a bordo do *Beagle*, na função de naturalista.

1837 Começo do reinado da rainha Vitória.

1839 Casamento com sua prima Emma Wedgwood. Primeiros desenvolvimentos de sua teoria da modificação das espécies pela seleção natural. Primeiros problemas de saúde.

1842 Primeiro resumo sintético de sua teoria da seleção natural. Charles e Emma Darwin instalam-se em sua casa de campo em Down, no Kent.

1844 Darwin redige um ensaio apresentando sua teoria.

1847-55 Redige sua grande monografia sobre as cracas.

1855-58 Retoma suas pesquisas sobre a evolução (divergência das espécies) e prepara um grande livro, *A seleção natural*.

1858 Darwin recebe o manuscrito de Alfred Russel Wallace. Apresentação de sua teoria à Sociedade Lineana de Londres.

1859 Publicação de *A origem das espécies*, em novembro.

1861-67 Trabalho sobre as variações e a hereditariedade.

1868-70 Trabalho sobre a origem do homem.

1872-81 Vários livros sobre plantas e redação de uma biografia.

1881 Monografia sobre vermes de terra.

1882 Morte de Charles Darwin, a 19 de abril, na sua casa em Down.

1896 Morte de Emma Darwin.

Introdução

Desde sua publicação em 1859, *A origem das espécies*, de Charles Darwin, foi um imenso sucesso de vendas. Reeditado sem cessar até os dias de hoje e traduzido em todas as línguas, esse livro marcaria um ponto de inflexão tanto na história geral como na história das ciências. A teoria nele apresentada era de interesse para quase todos os domínios do pensamento: ciência, política, filosofia ou religião. O mundo dos seres vivos abandonava o arcabouço de uma criação fixa para se inscrever no tempo de uma imensa história. Impunha-se a idéia de uma continuidade entre o homem e o animal. Além disso, Darwin apresentava um novo mecanismo explicativo, a *seleção natural*, que parecia capaz de dar conta da formação de caracteres adaptados sem apelar para causas finais. As tradições científicas, assim como as religiosas, viram-se golpeadas por essa teoria que fazia intervir o acaso em suas explicações.

Enquanto teoria geral da biologia, a teoria da seleção natural iria definir novos programas de pesquisa e reorganizar numerosas disciplinas, em particular os estudos da hereditariedade. Enquanto novo esquema explicativo, ela seria utilizada em vários campos do saber – psicologia, lingüística, economia, epistemologia, etc. – sempre que se fizesse necessário dar conta de estruturas "finalísticas" sem recorrer à intencionalidade. Enquanto perspectiva nova sobre a origem do homem, ela serviu de justificação para um sem número de ideologias (materialismo, liberalismo, eugenismo, etc.) e continua a ocupar um lugar importante em certos debates contemporâneos, como os ligados à bioética.

Há poucos homens sobre os quais se possui documentação mais completa. Darwin deixou-nos, além de sua obra publicada e uma autobiografia, praticamente toda sua correspondência (14 mil cartas!) e diversos manuscritos, entre os quais, sobretudo, os pequenos cadernos em que estão anotadas, dia após dia, suas leituras, suas idéias e suas diversas observações. Darwin procurava conservar tudo que se escrevia sobre sua teoria, mas rapidamente se viu sobrepujado pela imensa produção literária que ela suscitava. Uma produção que está, em nossos dias, mais ativa do que nunca, em particular no domínio da história das ciências, em que se chegou a falar de uma verdadeira "indústria darwiniana".[1] Há aí um desses efeitos tipo bola de neve da pesquisa, análogo ao que se vê freqüentemente em biologia, quando, dentre as milhões de espécies de seres vivos, só algumas foram estudadas de forma privilegiada (como o camundongo, a ervilha, a drosófila, ou, mais recentemente, a endobactéria *Escherichia coli*). De fato, quanto mais estudado é um organismo vivo, mais interessante se torna utilizá-lo para outras pesquisas, beneficiando-se assim dos trabalhos anteriores. Do mesmo modo, na história das ciências, certos autores detêm um lugar preeminente, e essa situação só pode se auto-reforçar: é o caso de Darwin para a história da biologia. Estudos específicos têm sido realizados sobre praticamente

---

1. Expressão de Timothy Lenoir, que propõe uma primeira abordagem bibliográfica em "Essay Review: The Darwin Industry", *Journal of the History of Biology*, v. 20, n. 1 (primavera de 1987), p. 115-30.

todas as partes de sua obra, seus antecedentes, suas conseqüências, e sobre a multidão de assuntos que ele explorou, e isso a partir das mais diversas perspectivas de leitura – históricas, sociológicas ou filosóficas. Foram estudadas as pessoas com quem ele se encontrou, descritos seus problemas de saúde física e psicológica, a evolução de suas crenças religiosas e políticas, e sua influência sobre um grande número de autores, de domínios, de nações ou de ideologias. Chegou-se até a examinar as deformações e marcas de uso de sua poltrona para tentar adivinhar os tipos de movimentos que ele realizava durante o trabalho de escrita!

O presente trabalho vem se juntar a essa vasta produção, mas o leitor pode tranqüilizar-se: a diversidade das pesquisas não esgota o objeto estudado; ao contrário, ela oferece a oportunidade de análises sempre novas. No caso, nossa apresentação estará animada por uma dupla preocupação: de um lado, compreender melhor o sentido do "acaso" empregado por Darwin em seu princípio de seleção natural, e suas conseqüências para a idéia de um progresso na evolução, cujas implicações teóricas e morais são consideráveis; de outro, situar a questão da origem do *novo* na história humana. Em quais condições e por meio de qual trabalho intelectual se constituiu a idéia de seleção natural? Em que medida ela era nova? E como chegou a se impor?

Entretanto, ao lançar um olhar retrospectivo sobre a invenção da teoria da seleção natural, poder-se-ia perguntar o que houve de tão verdadeiramente original na idéia de Darwin. Afinal, as práticas de seleção artificial pelos criadores são tão velhas quanto a humanidade, e, além disso, o trabalho de Malthus (1766-1834) sobre o crescimento das populações já era conhecido desde 1798. Nele se mostrava claramente que uma forma de luta pela existência devia resultar da limitação dos recursos. A idéia de uma evolução podendo realizar-se pela acumulação de pequenas variações individuais conservadas nessa luta pela existência, isto é, por seleção natural, pode parecer-nos agora fácil de conceber. Mas devemos justamente isso a Darwin, que reconfigurou os campos do saber até mesmo em nossa visão atual dessa história. As técnicas de seleção artificial dos criadores só foram definidas e sistematizadas após a difusão das idéias de Darwin. E, sobretudo, ao construir sua teoria, ele redefiniu problemas, como o de uma explicação da hereditariedade das variações. Hoje, quando já se firmou a idéia de que os caracteres hereditários podem ser carregados pelas moléculas do DNA, que são transmitidas ou sofrem mutações independentemente da atividade do organismo que as porta, podemos fazer essa leitura fácil, mas profundamente falsa da obra de Darwin. Na verdade, foi justamente seu trabalho que tornou possível a gênese de nossas modernas teorias da hereditariedade. Esse anacronismo obscurece ao mesmo tempo a verdadeira natureza do movimento histórico da construção darwiniana e as implicações contemporâneas da teoria da seleção natural.

Nesta breve apresentação, procuraremos tomar a história no "bom" sentido. Adotando uma ordem cronológica estrita, descreveremos inicialmente as concepções sobre os seres vivos e a origem das espécies antes de Darwin, para caracterizar o que há de propriamente inédito em sua obra e compreender como ela deu origem a uma nova abordagem do fenômeno da vida que se mantém até os dias de hoje.

Poder-se-ia também ver na descoberta da teoria da seleção natural um exemplo por excelência de *convergência histórica*. Como veremos, Alfred Russel Wallace (1823-1913), contemporâneo de Darwin, havia chegado de forma independente à idéia de um mecanismo de evolução que Darwin considerava como semelhante ao seu;

deveremos avaliar, portanto, em que medida a situação científica e intelectual geral da época podia ser portadora de uma idéia como essa. Veremos, porém, que não há de fato ambigüidade quanto à precedência de Darwin na construção da teoria da seleção natural. É, enttão, também na intimidade de seu trabalho que devemos buscar abordar as condições que o conduziram a sua descoberta.

Pode-se considerar, retrospectivamente, que a idéia de seleção natural representa uma ruptura na história da biologia, uma descontinuidade irredutível, e fala-se com razão em uma revolução científica, isto é, de mudança de paradigma, da forma de conceber os problemas e dos modos de explicação. Porém, o estudo detalhado possibilitado pela documentação disponível permite acompanhar o desenvolvimento dessa ruptura. Descobre-se então uma complexidade que dá continuidade ao acontecimento e uma duração à reviravolta. Pode-se seguir assim, praticamente dia após dia, a emergência da idéia, e ver como ela reorganiza o pensamento de Darwin antes de, e durante, sua difusão.

Ao aproximar-se assim do autor, não se negligencia o contexto sociocultural de sua obra. Ao contrário, fornecem-se os meios para compreender como, na intimidade de sua escritura, os componentes ideológicos e científicos de seu meio participam na prática de seu trabalho. Além disso, essa análise parece pôr em evidência uma forma de autonomia dos escritos em relação a seu autor. As idéias que ele produziu parecem tê-lo forçado a ir contra a época e mesmo contra si próprio, em particular a propósito do sentido da evolução e do papel do acaso.

Descrever ao mesmo tempo o nível do trabalho solitário do indivíduo Darwin e o nível social e cultural do sucesso e da difusão de suas idéias levar-nos-á a mesclar vários gêneros: história geral das idéias, crônica de acontecimentos individuais, discussões epistemológicas e considerações psicológicas.

Desejo saudar a memória de Jacques Roger, cuja lembrança me acompanhou ao longo de todo este trabalho, e agradecer a Jean Gayon por suas críticas e conselhos.

1
As origens do darwinismo

1. Origens familiares

A vida de Darwin está marcada pela aliança de duas grandes famílias, os Darwins e os Wedgwoods. Quando se encontram, Erasmus Darwin (1731-1802), o avô paterno de Darwin, e Josiah Wedgwood, seu avô materno – que também seria o avô paterno de sua mulher –, ambos têm 35 anos. Erasmus, médico em Lichfield, no Staffordshire (ao norte de Birmingham), já havia adquirido uma sólida reputação, a ponto de lhe ter sido oferecido o posto de médico do rei George III, que ele recusou. Renomado poeta, foi também um botânico entusiasta e um inventor multifacetado. No *Jardim botânico* (1789-1791), ele canta em versos os amores das plantas e as maravilhas de cada espécie vegetal.[1]

Josiah Wedgwood (1730-1795), autodidata engenhoso e enérgico, tornou-se um dos mais célebres produtores de faiança de seu tempo, fundador de uma firma conceituada. Inventor e líder de homens, construiu uma imensa fortuna.

---

1. Ele seguiu ali a classificação de Carl Lineu (1707-1778), cuja obra havia ajudado a traduzir para o inglês, baseada nas formas das flores, isto é, nos órgãos de reprodução dos vegetais.

A amizade entre os dois homens havia se estabelecido por ocasião de um grande projeto, bem característico de seus espíritos empreendedores. Dificuldades de transporte impediam o desenvolvimento da atividade de Wedgwood. Liverpool, o porto onde desembarcava a argila e de onde partiam seus produtos, fica 80 km ao norte de Burslem (Staffordshire), sede de sua empresa. Concebeu, então, um canal que, partindo próximo de Liverpool (costa oeste), juntaria sua olaria e o rio Trent, que escoa em direção à costa leste, beneficiando assim todos os centros industriais das Midlands. Com um comprimento de 220 km, "The Grand Trunk" deveria elevar-se por uma série de eclusas até 120 metros de altura, e ainda por cima necessitaria da perfuração de um túnel de 2,4 km. Estaria concluído em dez anos.

Josiah Wedgwood, com necessidade de capitais e apoios públicos e industriais, dirigiu-se a seu médico, Erasmus Darwin, que, logo convencido, soube despertar o interesse pelo empreendimento em seus pacientes e amigos, dos quais alguns se encontravam regularmente na casa de William Small (1734-1775), médico, astrônomo e matemático escocês.

Reunidos na "Sociedade Lunar" (seus membros se reuniam nas noites de lua cheia para poder voltar para casa tarde da noite), esses homens provinham tanto da ciência como da filosofia, da técnica, da poesia e das finanças. Por exemplo, Joseph Priestley (1733-1804), célebre químico experimental que teve um importante papel na revolução da química desenvolvida por Lavoisier; James Watt (1736-1819), genial inventor escocês que aperfeiçoou de forma decisiva a máquina a vapor com um engenhoso sistema de regulação; Matthew Boulton (1728-1809), engenheiro especialista em metalurgia e financista. A associação dos dois últimos, reunindo técnica e capital, resultaria na empresa Boulton & Watt, que teria um lugar importante nos inícios da revolução industrial da Inglaterra.

Em tal ambiente, as novas idéias podiam se exprimir livremente. Erasmus adquiriu ali o saber enciclopédico explorado em suas obras. Fascinado pela técnica, ele foi também um inventor, construindo um moinho de vento horizontal – utilizado pela usina de cerâmica de Josiah para a moagem dos corantes – e imaginando um carro a vapor.

Os dois homens eram bastante parecidos: ambos tinham construído sua fortuna pelas próprias forças, apoiavam a livre empresa e se interessavam pela ciência e pelas inovações técnicas. Em política, suas posições eram liberais e até mesmo, no caso de Erasmus, "radicais". Contrários à escravidão, eram partidários da ampliação do direito de voto, da liberdade de empreendimento e de expressão. Acreditavam no desenvolvimento técnico como o portador de uma melhoria do destino de toda a humanidade.

Essa confiança no progresso opunha esses homens aos privilégios e tradições aristocráticos. Contra uma ordem fixa e estabelecida, Erasmus buscava estender a idéia de progresso a toda a natureza, e, na *Zoonomia ou As leis da vida orgânica*, ele defendeu a idéia de uma transmutação progressiva das espécies...

1.1. O criacionismo mecanicista

As relações entre ciência e religião no pensamento inglês foram profundamente marcadas por um protestantismo moderado que aceitava o princípio de uma "teologia natural". Segundo o *Novum organum* de Francis Bacon (1561-1626), devia-se ler no "livro da natureza" o poder do Criador, cuja vontade estava revelada na Bíblia.[2] Isaac

---

2. Pode-se ver quanto a isto o livro de Dominique Lecourt, *L'Amérique entre la Bible et Darwin*, PUF, 1992, cuja erudição histórica leva-nos a refletir bem além do simples debate atual sobre o criacionismo nos Estados Unidos.

Newton (1642-1727) havia adotado esse procedimento. Com o princípio da gravitação universal, ele podia determinar a trajetória dos planetas do sistema solar em função de suas massas, de suas posições e de suas velocidades. Mas a estrutura do universo, ela própria, não era explicada: ela devia resultar da ação do Criador todo-poderoso. Newton chegava mesmo a pensar que o belo ordenamento do sistema solar só podia ser mantido graças a uma regular intervenção divina opondo-se à desordem que não poderia deixar de se estabelecer em conseqüência das interações dos corpos celestes.

Richard Bentley havia desenvolvido extensamente a seguinte idéia: o fato de que os planetas sejam em tal ou tal número, que tenham tal ou tal distância entre si, e que suas órbitas tenham tal ou tal inclinação em relação ao plano da eclíptica[3], que o Sol seja luminoso e não opaco, tudo isso são simples dados.[4] Eles poderiam ser completamente diferentes sem violar a lei da gravitação. Ora, todos esses fatos deveriam ser exatamente como são para permitir que nossa Terra abrigasse o homem; se ela estivesse demasiado próxima do Sol, ou demasiado distante, ou, ainda, se sua trajetória fosse demasiado elíptica, suas condições teriam tornado a vida impossível; se seu eixo de rotação estivesse sobre o plano de sua órbita, um hemisfério seria muito frio; se ela revolvesse muito rapidamente em torno do Sol, as estações seriam muito curtas, ou muito longas em caso contrário. A coincidência de todos esses fatos não poderia ser o resultado acidental, excessivamente improvável, da causalidade mecânica. Dever-se-ia

---

3. Círculo da esfera celeste descrito em um ano pela Terra em seu movimento de revolução ao redor do Sol.
4. Richard Bentley (1662-1742), *A Confutation of Atheism from the Origin and Frame of the World*, 1693. Reimpresso em I. B. Cohen, *Isaac Newton's Papers and Letters on Natural Philosophy and Related Documents*, Cambridge, Mass., Harvard University Press, 1958.

concluir, então, que a perfeita harmonia do universo é o resultado de uma "intenção benevolente". O Criador teria combinado os diferentes elementos do universo e moldado suas leis de tal modo que o homem pudesse existir e admirar Sua Criação...

Em uma concepção desse tipo, a natureza é essencialmente passiva: ela obedece a leis deterministas que transmitem os movimentos inicialmente dados pelo Criador.

1.2. Materialismo vitalista

Oposto a essa concepção mecanicista, existia um movimento muito antigo, ao mesmo tempo materialista e vitalista, que buscava na própria natureza poderes criadores que explicassem a gênese das formas organizadas. Erasmus Darwin pertencia a esse movimento muito minoritário, sobretudo na Inglaterra, que ecoava os trabalhos de naturalistas ou filósofos franceses mais ou menos próximos do materialismo, como Maupertuis (1698-1759), Buffon (1707-1788), De La Mettrie (1709-1751) ou Diderot (1713-1784). Em sua *Zoonomia ou As leis da vida orgânica*[5], concluída em 1796, ele buscou dar conta do conjunto dos fenômenos vitais e psíquicos, desenvolvendo, em uma linguagem poética, um grande número de especulações.[6]

Essa *Zoonomia*, em que se pregava uma ausência de diferenças essenciais entre animais e vegetais, era uma forma de Biologia Geral *avant la lettre* (a palavra "biologia" só seria criada em 1802, simultaneamente por Lamarck e Tréviranus). O mundo vegetal seria apenas uma classe

---

5. *Zoonomia, or, The Laws of Organic Life*. Trad. francesa: *Zoonomia ou Les lois de la vie organique*, por J.-F. Khuyshen e P.-F. de Goesin-Verhaege, Gand, 1810.

6. Ver Roseline Rey, "Erasme Darwin et la théorie de la génération", *Nature, Histoire, Societé. Essais en hommage à Jacques Roger*, Paris, Klincksieck, 1995.

inferior do mundo animal, e não haveria mais uma ruptura decisiva entre o homem e o animal. Contrariamente aos "fixistas", Erasmus Darwin acreditava que as espécies se modificavam sem cessar. Elas não seriam os produtos ideais de um Deus transcendente debruçado sobre o mundo, mas os meios de sua criação seriam encontrados no cerne dos processos de reprodução, que então se denominava "geração". Esta seria, na sua forma mais simples, como uma germinação, uma continuação do progenitor em sua descendência: o macho transmitiria um filamento vivo, dotado da capacidade de estimulação e do poder de propagar os movimentos que determinam as formas orgânicas – tudo, na natureza, devendo ser entendido em termos de movimentos, isto é, variações de forma. Poder-se-ia conceber, como haviam sugerido Lineu e seus discípulos, a formação de novas espécies como conseqüência da hibridação de espécies mais primitivas. Mas sobretudo, no caso da geração sexual, variações seriam possíveis. As diferenças dos filhos entre si e em relação aos progenitores se explicaria pela ação da mãe e a influência do ambiente. Nisso Erasmus seguia as idéias de Buffon relativas à possível influência do meio sobre as espécies. Ele se sentia fascinado pela diversidade dos seres vivos e pelas múltiplas adaptações necessárias para sua sobrevivência e reprodução. Os organismos responderiam às incessantes mudanças de seu ambiente segundo seus desejos e sua vontade individual – que não seriam, aliás, senão formas particulares do movimento vital. Assim, no processo de geração, a espécie se transforma, tirando proveito das atividades intencionais de cada geração.

Ao mesmo tempo, Erasmus tentava prover uma explicação materialista das faculdades intelectuais. Seguindo uma forma de associacionismo, ele pensava reconhecer, nos instintos, hábitos estabelecidos durante numerosas gerações e tornados hereditários. Foi nessa ocasião que se empregou pela primeira vez a expressão "caracteres adquiridos". Haveria assim uma perfectibilidade, um progresso possível das espécies, assim como se podia acreditar em um progresso da humanidade pelo desenvolvimento da indústria e das riquezas.

A essas especulações, entretanto, faltavam precisão teórica e comprovação empírica. A partir do final do século XVIII as ciências tenderam a se profissionalizar, e a linguagem poética de Erasmus caiu rapidamente em desuso. É porém importante ressaltar essa concepção dinâmica da natureza, que seria compartilhada por Charles Darwin. Diversos problemas, cuja importância seria estabelecida por este último, já estavam lá claramente apresentados; em particular uma explicação da adaptação em termos materialistas e o papel da geração sexual na atividade criadora da natureza.

Essa concepção, em que se admirava mais a natureza que seu Criador, foi amplamente criticada na Inglaterra, sobretudo após a Revolução Francesa, que era vista como a abominável conseqüência dos avanços da incredulidade no continente... Na "Sociedade Lunar", alguns membros, como Watt e Boulton, assustavam-se com as revoluções americana e depois francesa; outros, como Erasmus Darwin e Joseph Priestley, haviam acolhido mais favoravelmente esses acontecimentos. Mas rapidamente a reação se acentuou e, em julho de 1791, por ocasião do segundo aniversário da tomada da Bastilha, a residência de Priestley foi saqueada, sua biblioteca queimada, seu laboratório destruído, e os poemas de Erasmus foram ridicularizados por George Canning (1770-1827).

1.3. O Argumento do Desígnio

No campo teológico, um bispo anglicano, William Paley, retomava e difundia amplamente o clássico argumento de uma prova empírica da existência de Deus, fundada sobre a observação da harmonia do mundo.[7] É preciso detalhar aqui esse argumento, tão atentamente estudado por Darwin e presente em todos os debates posteriores sobre as relações entre a teoria darwiniana e a religião. Denominado Argumento do Desígnio (*Argument from Design*), permitia defender uma "Teologia Natural", em que ciência e fé se sustentavam mutuamente; ao contrário das meditações de Pascal sobre um Deus oculto, a natureza revelaria por toda parte a presença de um Criador.

Para Paley, e para a maioria de seus contemporâneos, só havia duas formas concebíveis de explicar uma estrutura complexa bem ordenada: ou a intenção de um artífice, ou o acaso de uma afortunada concorrência de acontecimentos. Imaginemos, propunha ele, que, caminhando no deserto, eu encontre um relógio. Sua extrema complexidade não se poderia explicar pela simples concorrência de causas naturais. Ao contrário, eu reconheceria que suas partes foram montadas tendo um fim em vista (mesmo que, de resto, o relógio não funcione ou que eu ignore para que serve). Eu seria inevitavelmente levado a pensar que um tal objeto é o produto da consciência intencional de um artesão, e deveria, portanto, induzir a existência de um homem que teria reunido todos esses delicados componentes.

> Poderia um homem sensato, para explicar a existência do relógio, contentar-se com a asserção de que esse relógio é um produto do acaso?[8]

---

7. William Paley (1735-1805), *Natural Theology*, 1802.
8. W. Paley, op. cit., reimpresso em *Théories de l'évolution*, Presses Pocket, Agora, p. 45.

Concebe-se então, ainda mais facilmente, diante da maravilhosa complexidade da organização de um ser vivo, que a precisa "conspiração" de todas as causas materiais necessárias para sua formação não pode ser acidental. Será preciso admitir a existência de uma finalidade, de uma intenção, exprimindo-se na natureza.

> Sem dúvida a invenção e a execução nas obras da natureza ultrapassam infinitamente todos os produtos do artifício; mas, em um grande número de casos, o desígnio e a aplicação de meios ao objetivo visado não é menos evidente que nas máquinas que saem das mãos dos homens.[9]

Assim, do mesmo modo que foi a intenção do artífice e não o acaso das circunstâncias que, para ver melhor, construiu um telescópio, foi a intenção de um ser inteligente, o Criador, que formou nossos olhos para que pudéssemos ver. Deve-se saber reconhecer "*A sabedoria de Deus manifesta nas obras da criação*".[10] De acordo com o relato bíblico do Gênese, cada espécie seria uma criação divina independente. E essa idéia parecia mesmo necessária para conduzir o estudo de uma classificação *natural* das espécies: dentre a confusão de seres vivos que encontramos a nosso redor pode-se então esperar extrair uma ordem natural subjacente, que justifique colocar em um mesmo grupo o cavalo, o asno e a zebra, e em um outro grupo o gato, o tigre e o leão, ainda que esses animais jamais se encontrem uns com os outros na natureza. É nessa perspectiva que Lineu, como muitos outros, tentou classificar o mundo dos seres vivos, buscando os caracteres mais

---

9. Ibidem, p. 46.
10. Título de uma obra do naturalista John Ray (1627-1705), publicada em 1691.

significativos que, como diferentes idéias do Criador, marcariam as "boas diferenças" entre as espécies no "plano da criação".

Observemos também que o argumento só vale se colocado no contexto mecanicista de uma natureza passiva, para o qual as interações materiais não podem produzir formas organizadas complexas e regulares.

> Poderia alguém satisfazer-se, para explicar a existência da máquina, com a asserção de que há naturalmente nas coisas um princípio de ordem, e que esse princípio de ordem deu a todas as partes do relógio sua forma e sua posição relativa? Pode-se ter uma idéia clara do que é um princípio de ordem que cria uma máquina como um relógio independentemente de um artífice inteligente?[11]

Os diferentes elementos materiais do objeto organizado são concebidos como os resultados de séries causais independentes cuja exata confluência por mero acaso é muito improvável. É, portanto, no contexto do mecanicismo da ciência clássica, para além dele, mas graças a ele, que se pode desenvolver o Argumento do Desígnio.

Será importante lembrar que o problema da adaptação já havia sido levantado no contexto criacionista. Com efeito, a adaptação é de certo modo uma coisa evidente. Todo organismo, pelo simples fato de existir, está bem adaptado a seu ambiente. Mas, se considerarmos que cada espécie é o resultado de uma criação livre, independentemente das condições impostas pelo ambiente, ela poderia ser bem ou mal-sucedida. É a providência do Criador que zela para ajustar o funcionamento de cada ser vivo às condições de seu ambiente. O argumento teológico apóia-se sobre a idéia de uma finalidade *externa*, isto é, sobre a

---

11. W. Paley, em *Théories de l'évolution*, op. cit., p. 45.

conveniência de uma coisa para uma outra, e permite, por exemplo, dividir o organismo em múltiplos caracteres cuja utilidade para a sua sobrevivência pode ser mostrada: as patas da toupeira são adaptadas à escavação de galerias subterrâneas, as bossas do camelo constituem uma reserva que lhe garante a sobrevivência no deserto, etc. Do plano técnico ao plano biológico, a projeção é direta: a explicação da ordem biológica se realiza diretamente sobre o modelo de uma atividade técnica.

Paley teve uma influência imensa sobre seus contemporâneos, e participou do desenvolvimento daquele amor à natureza tão característico da ciência popular inglesa. Bastante em moda ao final do século XVIII e início do XIX, ela se desdobrou nas múltiplas atividades das sociedades científicas em que naturalistas amadores podiam participar das pesquisas oficiais. No contexto desse acordo entre ciência e teologia, e com o favor dos pastores de aldeias, lá se ia herborizar, coletar rochas e fósseis e por toda a parte maravilhar-se com a natureza, o que só podia desenvolver um reconhecimento, cada vez mais pleno de admiração, da obra do Criador.

Em sua juventude, Charles Darwin participou intensamente dessas atividades. Seu primeiro ingresso em uma sociedade científica ocorreu em Edimburgo, para onde, como seu pai e avô, ele havia ido estudar medicina.

2. *A educação de Darwin*

Erasmus teve três filhos de seu primeiro casamento. O mais velho morreu de uma septicemia contraída por ocasião de uma autópsia, quando fazia seus estudos de medicina em Edimburgo. O seguinte, pouco interessado em questões científicas, era depressivo e suicidou-se em 1799. O terceiro filho, Robert, nascido em 1766, perdeu sua mãe quando tinha apenas quatro anos. Erasmus casou-se novamente, e teve outros filhos, entre os quais Violetta, que viria a ser a mãe de Francis Galton (1822-1911), o fundador do eugenismo, de quem falaremos mais à frente.

Existe uma carta, certamente escrita em resposta a uma inquietação de Robert, na qual Erasmus explica a seu filho as circunstâncias da morte de sua mãe. Esse texto brutal, de um médico se dirigindo a seu filho como a outro médico para evocar sua própria mãe, é interessante por revelar uma preocupação pelas questões de hereditariedade familiar que também iriam perseguir Charles Darwin.

Quanto à sua mãe, a verdade é a seguinte, que apresentarei sem exagerar ou esconder. Seu espírito era verdadeiramente amável, e ela era uma pessoa graciosa, como você talvez possa lembrar-se em certa medida.

Ela foi tomada de uma dor no lado esquerdo, sobre a borda inferior do fígado, seguida, uma hora depois, de violentas convulsões, aliviadas às vezes por fortes doses de ópio e um pouco de vinho, a que ela se acostumou. Em outras ocasiões, um delírio temporário, ou o que alguns poderiam chamar alienação, tomava-a durante uma meia hora, depois ela voltava a si e a crise estava terminada. Essa doença é chamada histeria por alguns. Penso que ela é aparentada à epilepsia.

Esse tipo de enfermidade se repetiu várias vezes durante quatro ou seis anos; para aliviar sua dor ela tomava então álcool e água, e eu me apercebi (demasiado tarde) que ela havia tomado grandes quantidades. O fígado havia inchado de tal modo que ela definhava pouco a pouco; alguns dias antes de sua morte, ela sangrava pela boca a cada vez que se coçava, como fazem certos pacientes hepáticos.

Todas as enfermidades decorrentes da bebida são em certa medida hereditárias; a origem da epilepsia e da alienação

se encontra, creio, na bebida. Já enfrentei várias vezes a epilepsia – uma geração sóbria compensa freqüentemente os estragos causados por uma geração que bebe.
[...] Se não fosse assim, não haveria no reino uma só família sem epilépticos, gotosos ou alienados.[12]

Josiah Wedgwood teve também muitos filhos; em 1765, nasceu Susannah, sua filha mais velha e a preferida. Em 1779, insatisfeito com as pensões para as quais costumava enviar as crianças, criou sua própria escola próximo à fábrica. Foi lá que Susannah e Robert cresceram juntos. Em 1796, um ano após a morte de Erasmus, eles se casaram. Robert tornou-se um médico renomado e acumulou grande fortuna. O casal teve três filhas e depois dois garotos. O primeiro, em 1804, chamado Erasmus, mas apelidado Ras; depois, em 1809, Charles. Susannah morreu em 1817, deixando Charles a cargo de suas irmãs.

Assim como seu pai, Charles Darwin sofreu a perda da mãe na infância e teve de submeter-se a um pai impositivo. Robert não se casou de novo, e um muro de silêncio ergueu-se em torno das lembranças da falecida. Em sua autobiografia, Charles Darwin parece incapaz de lembrar-se de qualquer coisa a respeito de sua mãe. Como seu próprio pai, Robert era uma mistura de generosidade e autoritarismo. De grande estatura, ele media mais de 2 metros e, ao fim da vida, pesava quase 150 kg. Estava freqüentemente abatido, às vezes irritado, e mergulhava obstinadamente no trabalho. É compreensível que Charles tenha ao mesmo tempo idolatrado e temido seu pai.

Felizmente os Wedgwoods, cuja casa estava cheia de crianças e de alegres atividades, não moravam muito distante. Josiah II, terceiro filho de Josiah, havia retomado a

---

12. *Autobiographie. Darwin, La vie d'un naturaliste à l'époque victorienne*, trad. francesa, Paris, Belin, 1985.

empresa da família e teve numerosos filhos; as crianças de idades próximas viam-se freqüentemente e passavam as férias juntas. Foi assim que Charles encontrou Emma Wedgwood, que se tornaria sua mulher.

2.1. Entre Cuvier e Lamarck

Desde criança Charles gostava de colecionar todo tipo de objetos: conchas, chancelas, carimbos postais, moedas e minerais, e se divertia com experiências químicas em companhia de seu irmão Ras. Aos 16 anos, reuniu-se a ele em Edimburgo onde, como todos os rapazes da família, devia seguir os estudos de medicina. Lá participou ativamente das atividades de uma sociedade estudantil de história natural e conheceu Robert Grant (1793-1874), médico e zoólogo especialista na anatomia de invertebrados marinhos, com quem saía freqüentemente atrás de novos espécimes de vida marinha. Grant apresentou-lhe a obra de Lamarck, cujos cursos havia freqüentado alguns anos antes em Paris; ele próprio utilizava o *Sistema dos animais sem vértebras* de Lamarck, que continha uma primeira apresentação de sua teoria da descendência das espécies.

Depois dos grandes debates públicos entre Lamarck e Cuvier, e, a seguir, entre Cuvier e Étienne Geoffroy Saint-Hilaire, a idéia transformista de uma origem das espécies ao longo dos tempos geológicos havia-se difundido extensamente na França, ao menos nos círculos científicos e filosóficos.[13]

Jean-Baptiste de Monet, cavaleiro de Lamarck (1744-1829), nascido na Picardia em uma família de pequena nobreza empobrecida, foi obrigado, por um acidente, a se retirar para a vida civil depois de um brilhante início de

---

13. Ver G. Laurent, *Paléontologie et évolution en France (1800-1860)*, ed. Comité des Travaux Historiques et Scientifiques, 1987.

carreira militar. Dedicou-se então aos estudos de história natural, em particular de botânica. Protegido de Buffon, tornou-se conhecido pela publicação, em 1778, da primeira *Flora francesa*. Espírito universal, além da botânica e da zoologia, conhecia a química (opondo-se às idéias de Lavoisier) tão bem quanto a meteorologia ou a zoologia. Após a revolução, e com a transformação do Jardim do Rei no Museu Nacional de História Natural, esperava uma cátedra de botânica, mas só obteve o encargo de um curso sobre "os vermes e os insetos", certamente menos procurado... Deram-lhe assim a tarefa, ele dirá mais tarde, de cuidar sozinho de mais de 150 mil espécies, contra as 12 mil espécies conhecidas de vertebrados, tendo, ao mesmo tempo, que criar a ciência que devia ensinar logo em seguida! O importante trabalho de classificação que ele então realizou, e que continua aceito em suas grandes linhas, logo se tornou uma ferramenta indispensável para todos os naturalistas que se interessavam por esses animais. Lamarck os batizou "invertebrados" e, em seu *Sistema dos animais sem vértebras* (1801), ordenou-os segundo diversas classes, que refinou progressivamente: moluscos, crustáceos, cirrípedes, insetos, aracnídeos, vermes, anelídeos, radiados, pólipos, infusórios, tunicados e conchiferos. No interior dessas classes, e correspondendo a outros tantos planos diversos de organização, ele definiu mil gêneros e descreveu 7 mil espécies. Uma originalidade dessa classificação era que nela os fósseis figuravam no mesmo gênero que as espécies atuais, e não à parte, como era então habitual. De fato, após 1800, Lamarck defendia uma teoria *transformista* da formação das espécies, opondo-se com isso ao catastrofismo promovido por Georges Cuvier (1769-1832).

Ao desenvolver a anatomia comparada, Cuvier havia sistematizado o estudo dos fósseis e fundado a paleontologia como disciplina científica integral que trabalharia na descrição dos mundos anteriores, distintos do nosso, correspondentes a diferentes épocas geológicas. Postulava assim uma distinção absoluta entre espécies fósseis e espécies presentes, e defendia um *catastrofismo* radical: nas épocas passadas, destruições maciças à superfície do globo (terras submergidas, fundos dos oceanos elevados) teriam aniquilado praticamente todas as criaturas. A Terra deveria então ter sido repovoada por sucessivas criações ou, talvez, em certos casos, por migrações provenientes de regiões preservadas. Uma tal concepção poderia entrar em acordo com a religião, ao entender o relato bíblico do Dilúvio como a narração de uma grande catástrofe, a última de uma série revelada pela paleontologia.

Para Lamarck, ao contrário, a ciência devia respeitar um princípio de uniformidade na explicação dos fenômenos históricos: não se devia supor a ocorrência, no passado, de eventos extraordinários, diferentes dos hoje observados, mas antes sustentar uma regularidade das causas e uma imutabilidade das leis da natureza. No apêndice ao *Sistema dos animais sem vértebras*, ele mostrou que muitos animais invertebrados haviam sobrevivido às "catástrofes" de Cuvier, em particular os moluscos, dos quais restaram inúmeras conchas. Ele observou, sobretudo, que encontramos no passado "espécies análogas" que se poderia supor aparentadas às espécies atuais. Essa transformação teria resultado de uma ação lenta e gradual de seu ambiente (que ele chamava "circunstâncias", a exemplo de Buffon).

Lamarck expôs essas idéias em 1809, em sua *Filosofia zoológica*, primeira grande obra de síntese de uma teoria transformista e materialista da origem das diversas formas de vida. Inicialmente, ele inverteu a antiga idéia de uma "escala dos seres" que, por uma série gradual e hierárquica, desceria desde o homem até os organismos mais simples como os pólipos e os infusórios. Se é verdade que essa é a ordem de nossas descobertas, a ordem realmente seguida pela natureza progride, ao contrário, da organização mais rude à mais complexa, dos infusórios aos mamíferos, e, dentre estes, ao mais bem-acabado: o homem. Haveria assim na natureza uma tendência à complexificação que resultaria da interação entre os seres vivos e seu ambiente. Lamarck defendeu, a seguir, que essa lei de progressão diz respeito apenas à tendência geral da evolução. A escala dos seres é imperfeita, feita de massas que divergem a cada nível: para um mesmo grau de complexidade encontra-se uma diversidade de espécies vivendo em diferentes ambientes. É preciso, portanto, adicionar o princípio de uma ação das "circunstâncias". Entre os animais, essa ação do ambiente é essencialmente indireta: ele determina necessidades que acarretam hábitos adaptados; esses hábitos levam os organismos a desenvolver ou a modificar seus órgãos; e essas modificações são transmitidas pela geração à descendência, o que, pouco a pouco, transforma a espécie. Em um célebre exemplo, Lamarck assim explicou a forma particular da girafa:

> Sabe-se que esse animal, o maior de todos os mamíferos, habita o interior da África e vive em lugares onde a terra, quase sempre árida e sem pastagem, obriga-o a alimentar-se das folhas das árvores, e a esforçar-se constantemente para alcançá-las. Desse hábito cultivado há muito tempo por todos os indivíduos de sua raça, resultou que as pernas dianteiras se tornaram mais longas que as traseiras e que seu pescoço se alongou tanto que a girafa, sem se erguer sobre as patas traseiras, ergue sua cabeça e atinge seis metros de altura (perto de vinte pés).[14]

---

14. J.-B. Lamarck, *Philosophie zoologique*, extratos em *Théories de l'évolution*, op. cit., p. 26.

Para Lamarck, como para muitos naturalistas antes do final do século XIX, a possibilidade de uma transmissão de caracteres adquiridos durante a vida individual parecia evidente. Nessa vasta concepção não existe acaso: em torno de uma linha de progresso geral há apenas flutuações determinadas pelas circunstâncias particulares do meio em que a vida se desenrola. A progressão da natureza na escala de complexidade é inelutável e devia culminar em um organismo perfeito como é o do homem.

A teoria de Lamarck foi de imediato severamente criticada e rejeitada majoritariamente; seu materialismo não combinava com a reação romântica e espiritualista da época napoleônica. De sua parte, Cuvier estabelecera as leis de organização dos grandes tipos biológicos. A principal, a lei de *correlação dos órgãos*, postulava uma interdependência estrita das partes em cada ser vivo, de tal modo que de qualquer de seus fragmentos se poderia deduzir o conjunto de sua organização. A partir disso, não poderia haver transformações progressivas. Qualquer variação de uma parte exigiria a variação simultânea de todas as outras. Além disso, o materialismo de Lamarck se inscrevia no contexto de uma química já ultrapassada, que retomava a velha idéia aristotélica dos quatro elementos (ar, água, terra e fogo), o que contribuía para desacreditá-lo como "fazedor de sistemas". De resto, a lei de progresso apresentava um caráter misterioso, e os mecanismos de ação das circunstâncias não eram claros. Além disso, como justificar que houvesse tantas espécies distintas em ambientes aparentemente semelhantes? E, reciprocamente, por que se observavam espécies que permaneciam as mesmas em diferentes circunstâncias?

A idéia de uma origem das espécies por meio de uma transformação progressiva iria entretanto seguir seu rumo, e, na primeira metade do século XIX, tornou-se cada vez mais accita pelos naturalistas, principalmente na França e na Alemanha (ao passo que na Inglaterra continuava a despertar horror).

Desde então se buscaram mecanismos capazes de explicar essa transformação das espécies: trabalhos sobre a causalidade das variações realizados por Étienne Geoffroy Saint-Hilaire (1772-1844) e por Camille Dareste (1822-1899), ou especulações derivadas da filosofia romântica alemã de Schelling (1775-1854) e Lorenz Oken (1779-1851) sobre uma vasta lei de desenvolvimento da natureza que reproduziria no plano do reino animal como um todo a mesma ordem de desenvolvimento que a dos órgãos no corpo de um animal.

2.2. Um encontro decisivo

Aos 18 anos, Darwin decidiu abandonar a medicina. Ele tinha assistido a duas terríveis operações sem anestesia, uma delas de uma criança, da qual saiu precipitadamente para nunca mais voltar, e a fortuna de seu pai poupou-o de ter de ganhar a vida. Robert, decepcionado, e não querendo um filho ocioso, simples amador da caça, sugeriu-lhe tornar-se pastor de aldeia. Darwin conseguiu persuadir-se do *Credo* da Igreja Anglicana e aceitou partir para Cambridge, onde se esperava que adquirisse um diploma antes de um estudo complementar mais especializado.

Estamos em 1827. Em Cambridge, Charles fica amigo de um primo, William Darwin Fox (1805-1880), que o introduz à entomologia e o apresenta ao reverendo John Henslow (1796-1861), professor de botânica, que se torna amigo e guia. Toda semana Henslow recebe estudantes em sua casa e faz com eles freqüentes excursões, nas quais se pratica a botânica, a entomologia, a química, a mineralogia ou a geologia; ele também organiza jantares para os quais Darwin é muitas vezes convidado. É assim que ele conhece o filósofo William Whewell (1794-1866), que está trabalhando em um tratado de teologia natural. Henslow admirava Paley, e Darwin compartilhava dessa admiração.

O Argumento do Desígnio enfrentava então um certo ceticismo. Com o objetivo de restituir-lhe toda sua força, empreende-se a publicação de uma série de tratados escritos pelos principais cientistas da época, entre os quais Whewell.[15] Ele procurava dar ao argumento uma forma filosófica mais sofisticada que escapasse à crítica que Emmanuel Kant (1724-1804) dirigira a todos os argumentos "físico-teológicos". Com efeito, Kant havia demonstrado que neles se introduz erroneamente um princípio teleológico, uma causalidade final, pois se procede como se o conceito de uma forma visada se encontrasse *não em nós* mas na natureza, e desempenhasse o papel de uma causa.[16] As explicações dos fenômenos não devem admitir senão um jogo determinado de causas eficientes. Adotando esse ponto de vista, Whewell insistia no fato de que as causas finais deveriam ser absolutamente excluídas das investigações físicas puramente científicas. Era apenas num segundo momento, e de forma independente, que estaríamos autorizados a reconhecer nos resultados dessas investigações os sinais de uma atividade intencional.

---

15. W. Whewell, "Astronomy and General Physics Considered with Reference to Natural Theology", vol. III dos *Bridgewater Treatises on the Power, Wisdom and Goodness of God, as Manifested in the Creation*, Londres, Pickering, 1833.

16. "Introduzimos um princípio teleológico quando atribuímos a causalidade em relação a um objeto a um conceito de um objeto, como se esse conceito se encontrasse na natureza (e não em nós)..." Ao fazer isso confunde-se, segundo Kant, faculdade de julgar reflexionante e faculdade de julgar determinante: "Embora se use legitimamente o juízo teleológico, ao menos problematicamente, no estudo da natureza, é apenas para submetê-la, segundo a *analogia* com a causa final, aos princípios da observação e da investigação, sem pretender *explicá-la* desse modo. Ele pertence, portanto, à faculdade de julgar reflexionante, e não à faculdade de julgar determinante." Kant, *Crítica da faculdade do juízo* (ed. franc., Paris, Vrin, 1979, p. 182; ed. bras., Rio de Janeiro, Forense Universitária, 2002).

Whewell iria mais tarde envolver-se em uma polêmica contra o utilitarismo de Bentham e de James Mill (na época representado sobretudo por John Stuart Mill), e já via esse defeito em Paley: a adaptação de um caracter se reconhecia por sua utilidade para o organismo à medida que lhe permitia atingir um certo fim exterior (fugir, alimentar-se, agarrar, resistir, reproduzir-se, etc.). Whewell preferia então apoiar-se nas *homologias* de estrutura entre as diferentes espécies (e não nas *analogias* de função). O fato de que encontramos tipos morfológicos constantes em espécies muito distintas seria um sinal muito mais nobre da existência de uma ordem superior na natureza que as simples considerações utilitárias de uma finalidade externa. Ele se juntava assim às concepções da morfologia transcendental desenvolvida no movimento romântico desde Goethe e Saint-Hilaire até o paleontólogo e anatomista inglês Richard Owen (1804-1892).

Os trabalhos epistemológicos de Whewell, assim como os de seu amigo John Herschel, influenciaram profundamente Darwin. Mais tarde, esses autores iriam opor-se a sua teoria, mas, nessa época, ele os tomava por mestres e prometia sempre se conformar ao ideal do bom trabalho científico tal como eles haviam definido.[17] O *Discurso preliminar sobre o estudo da filosofia natural*[18] de Herschel acabava de ser publicado; Darwin leu-o com grande interesse e pode-se supor que o comentou com Whewell (em 1838, à época de sua descoberta, Darwin lerá essa obra pela segunda vez). Para Herschel, a investigação científica deve proceder de forma *hipotético-dedutiva*. Num

---

17. M. Ruse, "Darwin's Debt to Philosophy: an Examination of the Influence of the Philosophical Ideas of John F. W. Herschel and William Whewell", *Studies in History and Philosophy of Science*, v. 6, 1975, p. 159-81.
18. *Preliminary Discourse on the Study of Natural Philosophy*, 1830, reimpresso em 1966, Nova Iorque, Johnson Reprint Corporation.

primeiro momento, o pesquisador formula leis universais ou axiomas, depois, num segundo momento, por uma série de deduções inversas, determina as conseqüências e proposições particulares que decorrem dessas hipóteses gerais. Pode-se então verificar se elas permitem uma predição correta de novas observações. As leis identificadas pela investigação devem idealmente definir as causas explicativas, as *verae causae*. O que caracteriza uma causa verdadeira é que ela explica uma grande diversidade de fatos novos e distintos dos que presidiram a sua descoberta. Como sempre, nessa época, o ideal de referência era a física newtoniana: há nela uma lei, a gravitação universal, que, definida a partir da queda dos corpos, é uma causa suficiente para dar conta de uma multidão de fenômenos, desde o curso dos planetas até o movimento das marés.

Whewell estava de acordo com Herschel sobre esse método geral hipotético-dedutivo, mas os dois sábios se opunham quanto à questão da constituição das hipóteses iniciais. Herschel, empirista, julgava que elas poderiam ser extraídas das observações, construídas por uma série de induções generalizadoras a partir de fatos particulares. Whewell, racionalista, não admitia isso. Para ele, não só nada permite construir o universal começando-se do particular, como não há observação possível sem uma teoria prévia. A história das ciências mostra abundantemente que não se vê os fatos pertinentes se não se tem de início uma idéia que lhes dê um sentido. As hipóteses não podem portanto ser construídas de forma lógica ou sistemática, mas devem ser antes consideradas como invenções imaginativas para as quais se é livre para utilizar todo tipo de metáforas ou analogias:

> Essa sagacidade não pode ser ensinada; em geral, seu meio para ter sucesso consiste em adivinhar e, ao que parece,

forjar diferentes hipóteses experimentais e escolher a boa. Mas não há regras para construir um conjunto de hipóteses apropriadas, na ausência do talento de inventar.[19]

A validade de uma hipótese científica não pode portanto ser justificada pelo processo de sua construção, mas apenas por seu poder explicativo e sua resistência ao confronto com as observações e predições que ela permite. De resto, uma validade desse tipo permanece sempre apenas provável, pois novas hipóteses de maior poder explicativo poderiam substituí-la.[20] Whewell continuou a denominar esse processo de construção científica – que nada mais tinha de indutivo – uma "lógica da indução", conformando-se assim ao uso corrente na Inglaterra da palavra "indução" para qualificar toda ciência empírica (em oposição às ciências abstratas como a matemática).

Além disso, Darwin lia os relatos de viagem de Alexander von Humboldt (1769-1859). Em 1831, tentou organizar uma viagem coletiva à ilha de Tenerife. Ela fracassou, mas, graças a Henslow, pôde partir em agosto para uma expedição ao norte do País de Gales junto com um famoso geólogo, o reverendo Sedgwick (1785-1873).

Ao retornar, em 29 de agosto, Darwin encontrou uma carta de Henslow que iria provocar uma reviravolta em sua existência. O capitão Beaufort, hidrógrafo da Marinha, havia lhe pedido que encontrasse um naturalista para acompanhar o capitão FitzRoy (1805-1865), encarregado da missão de efetuar o levantamento hidrográfico e medidas de longitude de diversas ilhas das costas da América do Sul. Era costumeiro levar um naturalista nessas

---

19. W. Whewell, *De la construction de la science (Novum organon renovatum, livre II)*, tradução e apresentação de R. Blanché, Paris, Vrin, 1938, p. 44.
20. Essa epistemologia está muito próxima do refutacionismo que Popper desenvolverá no século XX. Cf. *The Logic of Scientific Discovery*, 1959.

expedições para coletar amostras de rochas, plantas e animais e fazer todas as observações que se julgasse úteis ao progresso da ciência e do Império Britânico... A viagem devia durar dois anos e Henslow havia proposto o nome do jovem Darwin.

Darwin ficou encantado, mas seu pai, que via aí uma expedição perigosa e pouco respeitável para um futuro pastor, opôs-se ao projeto. Charles, desesperado, recorreu à família Wedgwood e lá conseguiu um entusiástico apoio para a empreitada; Josiah II terminou por convencer seu amigo Robert Darwin.

Sabe-se hoje que, de sua parte, o capitão FitzRoy hesitou aceitar compartilhar sua cabina com Darwin. Descendente de um filho ilegítimo de Carlos II da Inglaterra, era um *tory* convicto (próximo da direita ultraconservadora) que sabia que Darwin pertencia a uma família *whig* (liberal). Além disso, o nariz de Darwin havia lhe desagradado imensamente: adepto da fisiognomonia de Lavater[21] e da frenologia, ciência que pretendia deduzir as qualidades intelectuais e morais a partir da forma do crânio, FitzRoy temia que um homem com um nariz como aquele não tivesse as qualidades de energia e coragem requeridas para o empreendimento...

3. *A viagem*

Quando de uma viagem anterior à Terra do Fogo, ocorreu a FitzRoy um incidente que iria ter um papel nas reflexões de Darwin sobre a espécie humana. Como os encontros com os habitantes dessa região hostil eram freqüentes e nem sempre amigáveis, os fueguinos, que viviam

---

21. Johan Caspar Lavater (1741-1801), teólogo protestante, pastor em Zurique, autor de *A arte de estudar a fisionomia* (1772) e dos *Fragmentos fisiognomonicos*.

praticamente nus naquele clima impiedoso, tentavam roubar tudo o que podiam. Num dia de fevereiro de 1830, conseguiram se apoderar de uma baleeira (pequeno barco a vela empregado nos levantamentos hidrográficos). FitzRoy, querendo recuperá-la, tomou duas mulheres e três crianças como reféns. As mulheres fugiram e ele se viu a braços com as crianças. Duas delas foram devolvidas à família, mas uma garotinha de nove anos escolheu permanecer; a equipagem a adotou e deu-lhe o nome de Fuegia Basket. FitzRoy decidiu então levar a cabo um velho projeto: tentar ensinar a esses "selvagens" o inglês, as verdades do cristianismo e as "maneiras civilizadas". Além disso, em caso de sucesso, eles poderiam ser reconduzidos a suas ilhas natais, para onde levariam um pouco de civilização e poderiam recepcionar os eventuais visitantes. FitzRoy conseguiu persuadir três homens que, em companhia de Fuegia Basket, o seguiram à Inglaterra. Ele proveu a sua educação e todos (com exceção de um, que havia morrido de varíola) efetivamente assimilaram a língua e os costumes ingleses. Um dos objetivos da expedição da qual Darwin participava era, então, repatriá-los, dois anos mais tarde, como prometido, em companhia de um missionário.

Depois de muito atraso, Darwin partiu de Devenport em 27 de dezembro de 1831, a bordo do *Beagle*, para uma viagem movimentada que iria durar, de fato, quatro anos e nove meses. A idade dos homens que partiram nessa expedição é surpreendente: o capitão FitzRoy tinha 26 anos, Darwin, 22 anos, o tenente 33, e o comissário de bordo era o mais "velho", com seus 34 anos. No outro extremo, um voluntário não tinha nem mesmo 13 anos! A viagem foi arriscada. Perto do Rio de Janeiro, a malária causou a morte de três tripulantes (dos quais um dos mais jovens) e dois outros afogaram-se nas águas geladas do hemisfério sul.

Apesar do tamanho exíguo das cabinas, a biblioteca continha 245 volumes, entre eles a *Enciclopédia Britânica*, as viagens de Humboldt, e o primeiro volume dos *Princípios de Geologia*, de Lyell, oferecido por FitzRoy[22], um livro que iria desempenhar um importante papel na carreira de Darwin, levando-o a fazer da geologia sua primeira grande paixão científica. As explicações geológicas de Lyell eram radicalmente novas. Contrariamente a Sedgwick, por exemplo, Lyell defendia uma visão uniformitarista, não catastrofista, da história da Terra, que ele retomou de James Hutton e das "causas atuais" de Lamarck: as mudanças da crosta terrestre deviam ser compreendidas como conseqüências de processos análogos aos devidos à ação da água ou do fogo (erosão, sedimentação, sismos) que se observam atualmente. Para isso, ele seguia Buffon e colocava a origem do tempo geológico bem além dos 4 mil anos de história da Criação obtidos tomando-se a Bíblia como referência. A hipótese suscitou resistências, mas, seguro de si, Lyell publicou o segundo volume, que Darwin recebeu em Montevidéu.

Era possível explorar a Patagônia e a Terra do Fogo apenas durante os meses do verão austral (dezembro, janeiro, fevereiro). No restante do ano, o *Beagle* subia para as ilhas Malvinas (Falklands), das quais a Grã-Bretanha acabava de tomar posse, ou ainda mais para o norte, fazendo escala em Montevidéu, onde Darwin podia alugar um aposento. Pistolete à cinta e martelo de geólogo à mão, ele percorria a região a cavalo. Dedicava-se à geologia e coletava também todo tipo de coleópteros, aranhas, pássaros e quadrúpedes. Preparava a seguir esses espécimes, empalhava, etiquetava e enviava-os a Henslow. Em

---

22. Sir Charles Lyell (1797-1875), *Principles of Geology*, 1830-1833, trad. francesa da 10ª ed., *Principes de Géologie, ou illustration de cette science empruntés aux changements modernes que la Terre et ses habitants ont subis*, 2 vol., Paris, 1873.

Bahia Blanca descobriu grandes fósseis de megatério, espécie gigante próxima ao tatu.[23]

No primeiro ano foram desembarcados os fueguinos anglicizados e o missionário. Depois de construir algumas casas e um jardim, com a idéia de implantar uma colônia de povoamento, a equipagem começou a explorar os arredores. Ao retornarem dez dias depois, a pequena colônia estava transtornada e o missionário deprimido: sua casa fora pilhada e ele ameaçado de morte; Fuegia Basket havia desaparecido com seu companheiro. O fueguino tão bem cuidado, que parecia ter aprendido as "boas maneiras", só seria encontrado um ano mais tarde, as vestes abandonadas e desprovido de tudo. "Jamais vi mudança tão completa e tão cruel", escreveu Darwin, que muito se surpreendeu ao descobrir, em uma conversa, que o fueguino estava contente com seu novo estado, que tinha encontrado uma mulher e não tinha nenhuma vontade de retornar à Inglaterra.

Em 1834 o navio atravessou o estreito de Magalhães para atingir a costa oeste e Valparaíso. Durante o verão austral de 1834-1835 ele retornou às ilhas do sul do Chile; em fevereiro e março de 1835 subiu até Concepción, onde a equipagem testemunhou um terrível tremor de terra:

> foi um dos três espetáculos mais interessantes que pude ver desde a partida da Inglaterra: um selvagem fueguino, a vegetação tropical e as ruínas de Concepción.[24]

---

23. Ele se sabia em concorrência com um paleontólogo e geólogo francês, Alcide d'Orbigny (1802-1857), que estava explorando as mesmas regiões da América do Sul de 1826 a 1833 para o Museu Nacional de História Natural. Partidário do catastrofismo de Cuvier, d'Orbigny acreditava poder identificar 27 diferentes criações, correspondentes ao mesmo número de distintas etapas geológicas.
24. J. Bowlby, *Charles Darwin, une nouvelle biographie*, Paris, PUF, 1995, p. 154.

Darwin nota que o solo elevou-se mais de 60 centímetros, trazendo uma confirmação para a teoria geológica uniformitarista: os mesmos fenômenos, longamente repetidos nos tempos antigos, teriam formado progressivamente as montanhas. A subida do solo desde o fundo do mar explicaria a presença de conchas nas montanhas atuais, sem a necessidade de se fazer apelo a catástrofes mais extraordinárias.

Em Valparaíso, notícias da Inglaterra aguardavam Darwin: suas observações e descobertas já lhe tinham assegurado um reconhecimento nos meios científicos. Os fósseis de megatério, em particular, produziram forte impressão. Além disso, as observações geológicas chegavam em momento oportuno para dar apoio ao uniformitarismo de Lyell, então envolvido em grande controvérsia. Darwin pôde, assim, mesmo antes de seu retorno, ser aceito na Sociedade Geográfica de Londres. Ao descobrir, nas costas da América do Sul, a existência de atóis de coral, ele propõe uma teoria para explicar sua formação – que continua aceita até hoje, salvo uns poucos detalhes. Para compensar a elevação das costas emergidas que observara no Chile, o fundo dos oceanos deve gradualmente rebaixar-se. Nesse caso, os corais, que não podem viver senão próximos à superfície da água, devem crescer sem cessar, empilhando-se para o alto. Se eles se desenvolvem ao redor de uma ilha que está lentamente submergindo no oceano, os corais irão, progressivamente, formar uma barreira em torno dela, até que, se a ilha desaparecer completamente, não resta senão o círculo de um atol.

Em setembro de 1815 o navio deixa a costa da América do Sul e atinge as ilhas Galápagos, onde Darwin faz estudos geológicos, mas também coleta diversos espécimes, entre os quais os tentilhões, que teriam um lugar importante em sua teoria.

Em 25 dias o *Beagle* chega ao Taiti, onde Darwin pôde pôr à prova suas hipóteses sobre a formação dos atóis; em seguida à Nova Zelândia e à Austrália, onde chegam no ano-novo de 1836. Na Cidade do Cabo ele almoça com sir John Herschel, que estava realizando observações astronômicas.

A Inglaterra não estava mais tão longe, mas o capitão FitzRoy, insatisfeito com seus levantamentos anteriores, quis retornar à América do Sul, em particular à Bahia, para completar observações e medidas. As costas da Grã-Bretanha só são finalmente alcançadas em 2 de outubro de 1836. Darwin revê os seus no dia 5 pela manhã.

2
O percurso da descoberta

1. *O retorno*

Durante sua viagem, Darwin tinha decidido renunciar à carreira eclesiástica e consagrar-se à investigação científica. Ao retornar à Inglaterra, depois de alguns meses em Cambridge, ele se instalou em Londres, onde permaneceria até 1842.

Almejando uma carreira em geologia, Darwin publica diversos trabalhos, especialmente, em 1839, um estudo sobre um fenômeno geológico da Escócia conhecido como "as estradas paralelas de Glen Roy".[1] Sua hipótese, de que se tratava de praias formadas quando as terras eram mais baixas, foi rapidamente criticada e em seguida abandonada em favor da proposta de Louis Agassiz, baseada na teoria das glaciações. O revés, bastante doloroso, não o impediu de lançar-se à preparação de uma obra sobre a formação dos atóis.

No plano biológico, tratava-se em primeiro lugar de pôr em ordem os espécimes coletados. Ele os distribuiu a

---

1. Darwin, "Observations on the Parallel Roads of Glen Roy, and of Other Part of Lochaber in Scotland, with an Attempt to Prove that They Are of Marine Origin", *Phil. Trans. R. Soc.*, 1839, p. 39-81; reimpresso em *The Collected Papers of Charles Darwin*, 2 vol., P. H. Barret, Chicago, 1977, v. 1, p. 89-137.

numerosos estudiosos: Owen recebeu os fósseis e os animais preservados para dissecção; os corais foram para Grant, os pássaros para Gould, os peixes para Jenyns, e os répteis para Bell; muitos outros pesquisadores participaram desse grande trabalho de análise e classificação.

Foi só após seu retorno à Inglaterra que Darwin adquiriu a convicção de que as espécies se teriam formado naturalmente por progressiva transformação e diferenciação. Sua adesão ao transformismo parece ter resultado sobretudo das análises que o ornitólogo John Gould realizou sobre os tentilhões que ele havia capturado no arquipélago das Galápagos. Darwin tinha observado muito bem a espantosa diversidade de suas formas (embora conservassem uma grande semelhança com as do continente), mas, ao considerar que o ambiente dessas ilhas vulcânicas era em geral por toda parte muito semelhante, pensou que todas essas formas pertenciam à mesma espécie e não registrou com cuidado a proveniência de cada um dos espécimes.[2] Mas Gould lhe mostrou que se tratava de espécies diversas, bem diferenciadas pela forma de seus bicos, adaptadas a modos de alimentação distintos. Parecia estar ali, posta sob forma reduzida, a questão da formação das diferentes espécies.

> Assim, portanto, tanto no tempo como no espaço, defrontamo-nos com esse grande fato, esse mistério dos mistérios, a primeira aparição de novos seres sobre a Terra.[3]

---

2. "Não poderia jamais imaginar que ilhas situadas por volta de 50 ou 60 milhas de distância, quase todas à vista umas das outras, formadas exatamente das mesmas rochas, situadas em um clima absolutamente semelhante, possuíssem animais diferentes." *Voyage d'un naturaliste autour du monde* (1891), Paris, La Découverte, 2 vol., 1992, v. II, p. 181.

3. Ibidem, p. 164.

Seria preciso imaginar que, a partir de alguns pássaros emigrados do continente, a espécie se teria modificado e diferenciado, procurando a adaptação a diferentes modos de vida. Do mesmo modo, a distribuição geográfica das espécies sobre o continente sul-americano mostrava que os animais aparentados se substituíam uns aos outros à medida que se ia para o sul. A esses argumentos biogeográficos juntava-se também a estreita relação que Darwin observava entre certas espécies vivas e espécies fósseis extintas (em particular no caso dos mamíferos desdentados e dos roedores).

Mas, como vimos, a noção de adaptação desempenhava um papel central no pensamento inglês. Darwin lhe atribuía tamanha importância que parecia inútil falar de uma filiação qualquer entre espécies se ela não fosse explicada.

> Sempre fiquei impressionado por uma tal faculdade de adaptação e, até que se pudesse explicá-la, parecia-me quase inútil demonstrar, por um viés indireto, que as espécies se haviam modificado.[4]

Toda sua teoria futura estava suspensa nesse ponto. Mas a palavra adaptação pode ser tomada em dois sentidos diferentes: como processo e como estado. Em um sentido dinâmico, ela é o ajuste do organismo a seu ambiente. Em um sentido estrutural, o do criacionismo da teologia natural, a adaptação dos organismos caracteriza aquilo que se poderia melhor denominar uma "pré-adaptação". Em cada espécie, as estruturas orgânicas formam caracteres adaptados *de antemão* aos problemas que o organismo irá encontrar (o olho servirá para ver,

---

4. *Autobiographie. Darwin, la vie d'un naturaliste à l'époque victorienne* (1887), trad. francesa, Paris, Belin, 1985, p. 99.

o bico de tal espécie de tentilhão lhe servirá para quebrar os grãos de tal espécie de cacto, etc.). É desses caracteres específicos que uma teoria da origem das espécies deverá dar conta.

2. Pouco antes da descoberta

Darwin trabalhava enchendo de anotações pequenos cadernos que levava consigo por toda parte. Neles escrevia suas aulas, suas observações e suas reflexões ou hipóteses sobre os mais diversos assuntos. Ele os relia regularmente, e pode-se observar neles várias camadas de reescrita (felizmente com tintas de cores diferentes). É possível, assim, seguir os traços concretos de uma atividade intelectual cada vez mais intensa.[5]

Em seu *Caderno B* (abril de 1837–fevereiro de 1838), intitulado *Zoonomia*, como a obra transformista de seu avô, Darwin registra sua investigação sistemática de uma teoria explicativa. Ele se propõe a explicar a classificação natural como o resultado de uma evolução em forma de árvore. As espécies atuais são ligadas às formas hoje extintas por relações de parentesco mais ou menos próximas. Sobre o mesmo ramo, as espécies assemelham-se pelas estruturas herdadas e distinguem-se por suas adaptações particulares. A adaptação seria a causa da mudança e a hereditariedade registraria essas mudanças determinando as estruturas orgânicas das gerações seguintes.

> Cada espécie decorre da adaptação somada às estruturas hereditárias. (B 224)

---

[5]. Após meticulosas pesquisas históricas, os cadernos foram editados sob uma forma acessível: *Charles Darwin's Notebooks 1836-1844*, P. H. Barret, P. J. Gautrey, S. Herbert, D. Kohn, S. Smith (Org.), Ithaca, Nova Iorque, British Museum, Cornell University Press, 1987.

Seria melhor, aliás, falar do "coral da vida", pois só as extremidades dos ramos ainda estão vivas. Entretanto, para Darwin, uma tal perspectiva sobre a ordem da natureza estava limitada pelo fato de não se conhecer mecanismos naturais que explicassem como se produzem essas transformações adaptativas.

É preciso avaliar corretamente a dificuldade que ele enfrentava. No contexto mecanicista da ciência do século XIX, uma teoria científica só podia admitir explicações em termos de causas e efeitos determinados segundo leis universais. Ora, tratava-se precisamente de dar conta da formação de caracteres adaptativos. Mas como explicar mecanicamente, sem recorrer a causas finais, a formação de estruturas "finalísticas"? A única explicação que na época parecia possível era a que já haviam adotado numerosos naturalistas, desde Buffon e Erasmus Darwin até Lamarck: as estruturas específicas adaptadas a um dado ambiente resultariam, em última análise, de uma reação dinâmica dos organismos expostos à influência direta desse ambiente. Algumas dessas variações orgânicas seriam transmitidas aos descendentes, o que explicaria a transformação das espécies no sentido de uma adaptação a suas condições de vida. O processo seria lento porque só as modificações suficientemente repetidas se tornariam hereditárias. Uma abordagem como essa será ainda por muito tempo seguida pelos neolamarckianos, entre os quais, contemporâneos de Darwin como Herbert Spencer, ao qual retornaremos à frente.

A adaptação no sentido de estruturas específicas pré-adaptadas poderia ser explicada pelo registro hereditário de uma adaptação, nos termos de uma modificação dinâmica do organismo em reação a seu meio. Nessa primeira etapa das reflexões de Darwin, tratava-se de compreender como isso ocorria. Para tal, ele seguia as intuições da *Zoonomia*, buscando na reprodução sexual os mecanismos de variação. Nessa ocasião, interessou-se particularmente pelos trabalhos de criadores e horticultores, que lhe pareciam ser os detentores da mais extensa experiência nesse domínio. Atraído pela diversidade das formas conhecidas e a facilidade prática do controle de seu acasalamento, dedica-se ele mesmo à criação de pombos. As variedades artificiais permanentes eram talvez da mesma natureza, embora menos estáveis, que as espécies naturais. Reciprocamente, a barreira de esterilidade que caracteriza a separação entre espécies devia ser transponível – questão de grau: os trabalhos dos hibridistas mostravam que se chega, às vezes, a cruzar espécies diferentes.

Simultaneamente Darwin procurava no domínio psicológico idéias sobre o modo como os caracteres hereditários se fixariam com o tempo. Sabia-se, de fato, que uma atividade consciente muitas vezes repetida termina por se tornar automática, e poder-se-ia acreditar, como havia acreditado Erasmus Darwin, que os instintos correspondiam a hábitos similares, tantas vezes repetidos que se tornaram hereditários. Haveria assim uma passagem progressiva desde uma memória individual consciente que se torna uma memória corporal, até inscrever-se como memória da espécie. As reações dos organismos às circunstâncias de seu meio, repetidas um número suficiente de vezes, deveriam acabar transmitindo-se por hereditariedade. A experiência dos criadores sobre a qual Darwin se apoiava dizia respeito à transmissão tanto de características orgânicas individuais quanto de caracteres comportamentais. Ele estava, deste modo, perto de adotar uma perspectiva lamarckiana, segundo a qual as mudanças de hábitos precedem e guiam as mudanças de estrutura. Entretanto, para não recair em um tipo de explicação que envolvesse uma forma de vontade na Natureza (como pensava seu avô), ele tentou eliminar a intencionalidade, mesmo no plano das explicações psicológicas. Tendo lido muito sobre o assunto, começou a desenvolver reflexões materialistas cada vez mais pronunciadas, iniciando em julho de 1838 um novo caderno, marcado "M" (certamente para "Metafísica") que tratava unicamente dessas questões.

Reconciliando-se com o associacionismo, passou a admitir que o pensamento tem sua origem na sensação. O livre-arbítrio devia ser então apenas uma ilusão: a ação estava determinada pela constituição hereditária e o exemplo dos demais. A vontade livre e o acaso talvez fossem em última análise sinônimos. Em suas notas, Darwin inquietava-se com a reação que essas idéias poderiam inspirar a seus contemporâneos, e prometia a si próprio não revelar de forma muito direta suas reflexões:

> Para evitar dar a conhecer quanto creio no materialismo, dizer apenas que as emoções, os instintos, o grau dos talentos, hereditários, são tais porque o cérebro da criança assemelha-se ao patrimônio parental.[6]

Seu materialismo, portanto, caracterizava-se essencialmente por uma abordagem evolucionista e hereditarista da mente. Segundo sua inclinação habitual, Darwin se recusava a abordar essas questões sob o ângulo da especulação metafísica. Ele só acreditava em uma abordagem científica, essencialmente biológica da questão da mente:

> Estudar a metafísica como sempre se fez parece-me análogo a levantar questões de astronomia sem recorrer à mecânica. A experiência mostra que o problema da mente não pode ser resolvido pelo ataque à própria cidadela.

---

6. Citado por N. Dazzi, "Darwin psychologue", in: *De Darwin au darwinisme*, Paris, Vrin, 1983, p. 46.

A mente é função do corpo. Devemos encontrar alguma fundação *estável* para demonstrá-lo.[7]

Simultaneamente ao caderno M, Darwin começou seu caderno D, cujo tema dominante era mais uma vez a reprodução e a pesquisa da causalidade das variações no que respeita a sua adaptabilidade. É esse caderno, preenchido em três meses, que desembocará na descoberta do princípio de seleção natural. Nessa época, portanto, ele estava escrevendo três cadernos ao mesmo tempo, sem contar o diário que utilizaria para sua autobiografia. Conforme a descoberta se aproxima, há uma enorme tensão, uma premência de solução visível em toda parte no trabalho ininterrupto de leitura e escrita. Mas não haverá iluminação súbita ou brusca conversão. Vê-se, antes, um processo longo e difícil, produzindo não obstante uma completa reversão das antigas perspectivas sobre a ordem biológica.

Para analisar esse processo, trabalharemos em duas etapas. De início seguiremos o progresso de Darwin; depois, seguindo um caminho mais epistemológico, examinaremos a operação intelectual específica que ele realizou, concentrando-nos sobre a significação do "acaso", tal como ele o emprega.

3. *A descoberta*

Darwin deu um importante passo na direção de sua grande descoberta em 28 de setembro de 1838, ao ler o *Ensaio sobre o princípio das populações*, de Malthus, livro já antigo na ocasião.[8] Essa obra dramatizava o que

---

7. Citado por N. Dazzi, op. cit.
8. Thomas Robert Malthus (1766-1834), *An Essay on the Principle of Population*, 1ª ed., 1798, publicada anonimamente; 6ª ed., 1826 – esta era a edição que Darwin possuía.

ele já havia encontrado no botânico suíço Augustin Pyrame de Candolle (1778-1841): toda população, tão logo cada indivíduo tenha em média mais de um descendente, tende a crescer exponencialmente. O simples fenômeno da reprodução deveria em toda parte levar a um crescimento geométrico (multiplicativo) das populações; é a "explosão demográfica". Ora, como os recursos são limitados, haverá necessariamente uma crise. Malthus enxergava aí, no caso humano, a causa principal da fome, das guerras e das epidemias. De maneira geral, se o número de indivíduos de uma espécie é aproximadamente estável, isso ocorre porque a cada geração uma destruição contrabalança essa tendência ao crescimento. Darwin conhecia bem os hábitos das espécies, e a visão pessimista de Malthus não o surpreendia. Deveria ocorrer por toda a natureza uma terrível "luta pela existência" (termo já empregado por Lyell no segundo tomo de sua obra sobre geologia). Assim, Darwin está plenamente consciente do poder da pressão populacional:

> Poder-se-ia dizer que há uma força como uma centena de milhares de cunhas tentando forçar todo tipo de estrutura adaptada nas brechas na economia da Natureza, ou, antes, abrindo brechas ao empurrar para fora as mais fracas.[9]

Não se trata ainda, porém, de um princípio de seleção. O que emerge inicialmente é a severidade das condições da adaptação e uma justificação da diversidade das espécies:

---

9. D 135-6: "One may say there is a force like a hundred thousand wedges trying to force <into> every kind of adapted structure into the gaps <of> in the economy of Nature, or rather forming gaps by thrusting out weaker ones." Ao lado dessa nota, uma inserção mais tardia de Darwin indica: "A causa final de todos esses esforços deve ser testar as estruturas apropriadas e adaptá-las à mudança."

elas corresponderiam a diversas soluções adaptativas para ocupar as "brechas na economia da Natureza".

Darwin continua então suas pesquisas sobre a causalidade das variações e suas ligações com a reprodução sexual (em particular, nessa época, ele procurava compreender os valores adaptativos do hermafroditismo ou da separação dos sexos). Mas teve de reconhecer que continuava totalmente ignorante quanto ao que causa as variações e que deveria, portanto, conter a explicação essencial da transformação das espécies. Essa decepção é perceptível em suas notas. Não há a menor pista sobre o que seria capaz de produzir variações transmissíveis vantajosas, determinadas por sua utilidade. Quanto mais se avança em direção a um mecanismo possível das variações na reprodução sexual, maior é o afastamento das variações produzidas pela reação do organismo a seu meio e que lhe seriam úteis.

> É preciso observar que a transmissão não tem nenhuma relação com a *utilidade* da mudança – daí *lábios leporinos* hereditários, doença.[10]

Mas nos vãos desses sinais de desapontamento, uma nova pista se esboça. Seria esse fracasso tão importante? Meditando sobre o sentido da luta pela existência decorrente das idéias de Malthus, Darwin vê muito bem que pequenas diferenças individuais permitirão ou não a sobrevivência. O que conta é que haja diferenças, pouco importando suas causas. Por que não admitir que elas de fato se produzem independentemente da utilidade?

Reconhecendo cada vez mais claramente seu fracasso em encontrar uma relação entre a adaptação e a variação

---

10. D 172. Ver também D 100 sobre a ignorância quanto à origem das variações dos pombos produzidos para concursos de criadores.

hereditária, Darwin aceita a saída que se apresenta: variações, quaisquer que sejam, são conservadas, ou não, na luta pela existência. De imediato, torna-se possível explicar a transformação das espécies. Pequenas variações hereditárias individuais produzem-se independentemente de sua utilidade. A seguir, na competição decorrente da superpopulação, os indivíduos que apresentam as variações vantajosas para sua sobrevivência reproduzem-se mais facilmente e com mais freqüência, transmitindo assim com maior amplitude seus caracteres hereditários. As adaptações observadas resultam simplesmente do fato de que, nesse processo, só os caracteres que por *acaso* se encontram adaptados são conservados.

Os cadernos de Darwin revelam, entretanto, que ele demorou muito para decidir-se a fazer desse mecanismo uma explicação suficiente da descendência das espécies. Sua teoria não se desenvolveu efetivamente senão no Caderno E, a partir do fim de novembro de 1838. Durante todo esse período perseverou em sua pesquisa de uma causa das variações, questão na qual, aliás, continuaria a trabalhar pelo resto de sua vida. Mas trata-se cada vez menos de compreender uma adaptação direta.

Darwin reconhece então que seu mecanismo é análogo ao da seleção artificial praticada pelos criadores e horticultores. Em seus cadernos anteriores ele se recusava a ver nas técnicas de produção das variedades artificiais um modelo da origem das espécies no estado natural. Mas, agora que dispõe de um mecanismo natural de seleção, os dois processos podem ser postos em correspondência:

> Um belo aspecto de minha teoria é que as raças "domesticadas" de animais são produzidas precisamente pelos mesmos meios que as espécies – embora de forma muito menos perfeita, e infinitamente mais lenta. (E 71)

A partir desse momento, ele inverte essa passagem e parte da seleção artificial para explicar a seleção natural: a seleção pela vontade humana é substituída por um fenômeno mecânico e natural. Essa analogia será "o melhor e mais seguro 'guia' (*the best and safest clue*)" sobre a qual Darwin se apoiará sem cessar para refazer e aprofundar seu raciocínio.

Cada vez mais convencido, ele teve o prazer de discernir em seu método os cânones da pesquisa científica encontrados em Herschel e Whewell. O mecanismo da seleção natural é uma *vera causa* que pode ser fundada antes e independentemente da multidão de fatos que ela permite explicar: num primeiro momento, por uma análise quantitativa simples, mostra-se que a tendência de toda espécie a crescer numericamente determina uma luta pela existência que, necessariamente, produz uma seleção; seleção que, como entre os criadores, deve produzir uma transformação adaptativa das espécies. Isso basta quanto à causa. É preciso agora mostrar que seu poder explicativo é suficiente para dar conta do maior número possível de fenômenos biológicos: adaptações especiais, classificação, distribuição geográfica de espécies vivas e fósseis, origem dos instintos, anatomia comparada, embriologia, etc. A essa tarefa Darwin dedicou-se sistematicamente pelo resto de sua existência.

Como na geologia de Lyell, não se empregam senão causas atuais; não é preciso imaginar fenômenos especiais que teriam se produzido nas épocas passadas (hibridações extraordinárias, catástrofes, criações especiais, etc.). A aplicação do mecanismo da seleção natural tal como hoje observada deve bastar para dar conta de toda a história e de toda a diversidade das espécies passadas e atuais. Em total conformidade com os princípios da ciência do século XIX, não havia nenhuma lei especial que entrasse em contradição com as outras leis da física ou da biologia. E, entretanto, essa nova forma de explicação podia dar conta da adaptação das espécies a suas condições de existência. O princípio de seleção natural vencia o desafio de explicar a formação de estruturas "finalísticas" sem empregar causas finais.

Havia, porém, algo perturbador: a evolução estava talvez explicada, mas não estava *determinada*. O princípio de seleção natural não permitia antecipar o percurso da evolução nem reencontrar seu passado. Para qualquer transformação de espécie era preciso propor uma descrição especial dos problemas adaptativos que a ela se apresentaram, e levar em consideração, ou não, as variações disponíveis. A seleção natural poderia dar conta de uma evolução completamente distinta da que efetivamente se produziu, pois o acaso estava no cerne de seu mecanismo. É isso que iria afetar mais profundamente os fundamentos da moral e do acordo entre a ciência e a religião na filosofia inglesa. Não somente o homem deveria ter uma origem natural como todo outro animal, mas seu aparecimento teria sido contingente! Além disso, o Argumento do Desígnio estava ameaçado. Antes de examinar esses problemas e avaliar o que está em jogo em nossa época, é preciso esclarecer a significação do acaso para Darwin.

4. *O acaso darwiniano*

Para a ciência do século XIX, todo fenômeno devia ter uma causa determinada. Admitir a existência de um evento que não obedecesse nenhuma lei física permitiria supor que ele teria sido produzido pela vontade livre de um criador, contrariamente ao tipo de explicação puramente mecanicista procurada por Darwin. Que significava, então, precisamente, seu emprego da noção de acaso? Para melhor apreender a natureza dessa inovação teórica, é preciso fazer um recuo epistemológico e voltar ao que ocorreu durante o percurso da construção darwiniana.

4.1. Antes da descoberta (1836-1838)

Antes de sua descoberta, a pesquisa de Darwin, como a dos naturalistas interessados em uma explicação materialista e mecanicista da origem das espécies, inscrevia-se num quadro de trabalho clássico. Se os seres vivos se transformaram ao longo dos tempos geológicos, é necessariamente porque causas vieram perturbar o processo normal de reprodução. Eis por que Darwin informou-se também junto aos técnicos do "vivente": médicos, criadores e horticultores. Entre eles descobriu conhecimentos, mas, ao mesmo tempo, coisas que se reconhecia ignorar. Entre os conhecimentos, havia aquele da existência de variações individuais hereditárias. Os fenômenos eram complexos. Algumas variações pareciam desaparecer entre as crias apenas para reaparecer em sua descendência (atavismo ou regressão). No entanto, estava bem estabelecido que variações transmissíveis existiam, pois elas permitiam de forma muito concreta produzir variáveis estáveis. Também se acreditava poder "enlouquecer" as espécies pelos cruzamentos ou mudanças bruscas de suas condições de vida, obtendo com isso um maior número de variações, mas continuava-se incapaz de determinar ou antecipar as variações definidas. Entre as coisas que se admitia ignorar estavam as causas precisas dessas variações hereditárias. Entretanto, no plano mecanicista em que Darwin se situava, tais causas deveriam certamente existir, pois as variações eram efetivamente observadas e admitia-se que não há efeito sem causa. Mesmo que não se tivesse sido capaz de identificá-las, mantinha-se a convicção de que elas existiam. O programa de pesquisa estava claro: determinar a causalidade das variações, o que poderia ser feito pela análise das diversas condições às quais os organismos estavam submetidos.

Uma tal pesquisa se inscrevia na "ciência normal" de um "paradigma" no sentido dado pelo epistemólogo e físico inglês Thomas Kuhn: conjunto de crenças, teorias e práticas compartilhadas por uma comunidade de pesquisadores, que definem as questões pertinentes e bem formuladas, com métodos regulares para tentar resolvê-las. Em seu sentido amplo, o paradigma define, portanto, um modo de pensar, uma visão do mundo compartilhada e profundamente enraizada nas práticas individuais. Ora, segundo Kuhn, a história das ciências é marcada pelas mudanças de paradigmas, que ele denomina "revoluções científicas", pois de um paradigma a outro tudo se transforma, não apenas as teorias e as práticas, mas também as questões consideradas importantes e os métodos para sua resolução. Nesse sentido, o trabalho de Darwin realizou uma revolução na história da biologia. O problema que se coloca ao historiador é, então, o de compreender como, inserido em um paradigma anterior, um pesquisador pode criar as bases de uma nova maneira de pensar.

As primeiras investigações de Darwin haviam fracassado. O enigma da causalidade das variações na geração resistia aos trabalhos dos cientistas e também dos práticos. A pesquisa continuava, mas, enquanto os resultados eram aguardados, para o observador as variações se produziam ao acaso. Não um acaso em si – elas tinham causas, objeto mesmo de sua pesquisa –, mas um acaso subjetivo, devido à sua ignorância. Se ele tivesse conhecimento da causalidade, poderia ter construído uma ligação teórica, para deduzir a partir dos dados sobre o ambiente dos organismos (temperatura, nutrição, etc.) as variações resultantes. Quando uma coisa está determinada, se dominarmos suas causas poderemos produzir intencionalmente os efeitos. A possibilidade de atingir um fim significa que se domina uma explicação mecanicista. Os criadores seriam como os engenheiros, empregando as leis conhecidas da natureza para produzir variedades artificiais segundo seus objetivos. Mas eles tinham de admitir sua ignorância e, conseqüentemente, sua incapacidade de dirigir as variações.

Felizmente, porém, o homem pode agir sobre o desconhecido: essa é a situação característica de toda prática que não pode esperar o progresso dos conhecimentos. Assim, os criadores tinham desenvolvido uma técnica alternativa "empírica", no sentido de uma bricolagem não-científica: não podendo controlar diretamente variações determinadas, contentavam-se em observar as que se produziam em suas criações; depois, cruzando entre si os indivíduos que mais lhes interessavam e eliminando os restantes, faziam aquilo que Darwin iria chamar uma *seleção artificial*. Tirando proveito do hiato entre seu conhecimento (e vontade) e as variações que se produziam, eles mantinham critérios de seleção que impunham à sua criação. Essa técnica era muito eficaz: basta pensar na extraordinária diversidade das raças de cães, a melhoria constante das raças eqüinas, ou, no caso dos pombos que Darwin criava, a incrível liberdade de criação que havia permitido obter variedades como o pombo-de-leque, cuja cauda se abre em semicírculo ou o pombo-de-papo, de papo superdimensionado. Assim, os criadores têm freqüentemente sucesso em "finalizar" indiretamente o que são incapazes de "finalizar" de maneira direta. Apesar disso, essas técnicas não podiam servir de modelo a uma explicação dos fenômenos naturais, pois se caracterizavam de fato por uma atividade voluntária dos criadores. Projetar um tal processo na natureza seria um gesto semelhante ao da teologia natural, reconhecendo na criação dos seres organizados o equivalente da atividade técnica intencional de um artesão. Além disso, como indicam seus cadernos, durante os primeiros anos de sua pesquisa, Darwin – apesar de estudar cuidadosamente os conhecimentos dos práticos – não se interessava por essa seleção artificial.[11] Ele precisava descobrir o processo causal da transformação das espécies e, portanto, enfrentar um enigma que resistia a todas as suas tentativas.

4.2. A inversão darwiniana

Diante de um fracasso, duas atitudes são possíveis. Uma delas é a perseverança: permanecendo no mesmo paradigma, continua-se a acreditar que o enigma pode ser resolvido; o fracasso é apenas individual, conjuntural, momentâneo. A outra é partir do próprio fracasso: ao dar-lhe um sentido, reorganizam-se as hipóteses teóricas e as questões empíricas.

Foi o que fez Darwin, e aí reside seu gênio. Ele tomou sua própria ignorância como chave para explicar os fenômenos naturais. Do mesmo modo que, em sua ignorância, ele não podia determinar as variações hereditárias em função de seus objetivos, também na natureza as condições de vida não determinariam as variações hereditárias em função de seu valor adaptativo. Do mesmo modo que, apesar de sua ignorância, ele podia selecionar essas variações, na natureza, o processo automático da luta pela existência selecionaria as variações hereditárias que se produziam. Assim, Darwin tomou o acaso próprio à ignorância humana como um fator positivo dirigindo uma relação real cujas conseqüências são concretas. A ignorância dos criadores tem como conseqüências concretas as técnicas de seleção artificial e, finalmente, as variedades que elas permitem produzir. Do mesmo modo, na

---

11. Ver, por exemplo, S. Herbert, "Darwin, Malthus and Selection", *Journal of the History of Biology*, v. 4, n. 1, 1971, p. 209-17.

natureza, a existência de variações acidentais relativamente às condições de vida tem como conseqüência uma seleção natural e, finalmente, a transformação das espécies. Desse modo, Darwin pôs na base de seu sistema explicativo aquilo que era um enigma da atividade normal de pesquisa do paradigma precedente.

Trinta anos mais tarde, reexaminando longamente a questão de uma definição dessa noção de acaso ou acidente no interior de sua teoria, ele iria utilizar novamente uma analogia intencional por excelência: a técnica de construção de uma casa por um arquiteto. Em vez de utilizar pedras talhadas sob medida, o arquiteto pode proceder escolhendo com atenção as pedras que encontra nos arredores:

> Caso um arquiteto construísse um edifício belo e confortável não utilizando pedras talhadas e sim escolhendo entre pedras que rolaram para o fundo de um precipício – aquelas em forma de cunha para os arcos, as longas para os lintéis e as chatas para o teto, nós admiraríamos sua habilidade e o consideraríamos o agente principal.[12]

Do mesmo modo, a seleção natural dirige a transformação das espécies escolhendo sem cessar as variações que se apresentam. O arquiteto é o verdadeiro agente da construção da casa, assim como a seleção natural é o verdadeiro agente da evolução. Mas é importante notar que as formas das pedras, assim como as variações dos seres vivos, não são acidentais em si mesmas:

---

12. Darwin, *The Variations of Plants and Animals under Domestication*, 2 vol., Londres, 1868. Trad. francesa por J.-J. Moulinié, *La variation des animaux et des plantes sous l'effet de la domestication*, 2 vol., Paris, 1868, p. 461.

A qualificação de acidental dada à forma dos fragmentos que se encontram no fundo do precipício não é rigorosamente correta, pois a forma de cada um depende de uma longa série de acontecimentos, todos obedecendo a leis naturais: da natureza da rocha, das linhas de depósito [...] e, enfim, da causa que determinou o desmoronamento.[13]

No entanto, do ponto de vista das necessidades do arquiteto, as formas das pedras são puramente acidentais: "mas relativamente ao emprego que se pode fazer dos fragmentos, sua forma pode rigorosamente ser considerada acidental."[14] Da mesma maneira, na transformação das espécies, as variações devem ter certamente causas determinadas. Mas elas podem ser chamadas acidentais na medida em que não têm a finalidade de ser vantajosas e participar da formação das futuras variedades. A variação hereditária se dá por acaso apenas *relativamente* à utilidade que poderá apresentar.

> Ora, os fragmentos de rocha, ainda que indispensáveis para o arquiteto, estão, relativamente à construção erigida por ele, na mesma situação em que estão as variações flutuantes de cada ser organizado relativamente às conformações variadas e admiráveis que adquirem posteriormente seus descendentes modificados.[15]

Pode-se imaginar que a utilização da analogia da seleção artificial tenha ocasionado alguns mal-entendidos. Ela conduziu às críticas (freqüentemente de má-fé) que certos biólogos, como Pierre Flourens, na França, fizeram

---

13. Ibidem.
14. Ibidem.
15. Ibidem, p. 460.

contra Darwin, acusando-o de substituir a consciência dos criadores por uma vasta consciência "selecionante" na natureza. Diante delas, Darwin não abandonou sua analogia, tentando antes refiná-la. Em particular, ele procurou, nas primeiras etapas da domesticação das plantas e dos animais, o efeito de uma seleção *inconsciente*, não metódica. Bastava admitir que os primeiros criadores tinham conservado e deixado que se reproduzissem seus animais preferidos, sem com isso ter visado a qualquer coisa com relação a sua descendência. A estratégia de Darwin foi, então, *naturalizar* os fenômenos da seleção artificial, e não a de fazê-la funcionar como simples metáfora. Seleção natural e seleção artificial são assim apresentadas como mecanismos *análogos* segundo suas características estruturais fundamentais (exatamente como a seleção sexual que encontraremos mais adiante):

> O poder de seleção, quer seja ele exercido pelo homem ou venha a operar naturalmente na luta pela existência e na conseqüente sobrevivência do mais apto, depende inteiramente da variabilidade dos seres organizados.[16]

A ambição de Darwin era produzir uma teoria da seleção em geral, válida tanto para as variedades domésticas como para as espécies naturais.[17] No caso da seleção natural, o processo é puramente automático e não demanda nenhuma faculdade cognitiva como o conhecimento ou a antecipação do que será preservado. Ela resulta simplesmente da luta pela vida, que decorre, ela própria, de uma tendência mecânica à superpopulação, tendo em conta o espaço disponível na natureza. Mas,

---

16. Darwin, *La variation des animaux...*, v. 2, p. 204.
17. Ver a esse respeito J. Gayon, *Darwin et l'après Darwin: une histoire de l'hypothèse de la sélection naturelle*, Paris, Kimé, 1992.

para isso, é preciso admitir que a causalidade das variações é independente desse processo automático de seleção. Há, de um lado, variações hereditárias quaisquer, e, de outro, os "lugares na economia da Natureza" que definem as adaptações necessárias.

> Ela [a seleção natural] não pode nem mesmo agir a menos que existam, na economia natural de uma região, lugares que seriam mais bem preenchidos se alguns de seus habitantes sofressem algumas modificações.[18]

Para Darwin, a "economia natural" de uma região corresponde ao jogo equilibrado de todas as trocas dos organismos entre si e com o meio físico. Trata-se de uma idéia bem próxima da moderna noção de "nicho ecológico" de um território.[19] O "lugar" na natureza desempenha o mesmo papel que a idéia diretriz do criador na seleção artificial. Nos dois casos há um critério de seleção e variações que não são "finalísticas" por se adequarem a esse critério.

Mas como se pode justificar a existência na natureza de uma tal separação entre as variações e as condições de seleção? Vimos anteriormente que as variações deviam ser provocadas pelas mudanças do meio, mudanças essas que, ao mesmo tempo, abrem novos lugares na economia natural. Como afirmar que não são as mesmas causas que provocam a seleção e que determinam as variações, e isso tanto mais pelo fato de essas causas serem, precisamente, desconhecidas?

---

18. Darwin, *L'Origine des espèces*, 6ª ed., Petite Collection Maspero, 2 vol., 1980, t. 1, p. 116.
19. A origem da noção de ecologia é, entretanto, mais complexa; ver P. Acot, *Histoire de l'écologie*, Paris, PUF, 1988, e J.-M. Drouin, *Réinventer la nature*, Paris, Desclée de Brouwer, 1991.

> Num certo sentido, pode-se dizer que não apenas as condições de existência causam, direta ou indiretamente, as variações, mas que elas influenciam também a seleção natural; as condições, de fato, determinam se tal ou tal variedade deve sobreviver. Mas quando o homem se encarrega da seleção, é fácil compreender que os dois elementos da mudança são distintos: a variabilidade se produz de uma maneira qualquer, mas é a vontade do homem que acumula as variações em certas direções; ora, essa intervenção corresponde à sobrevivência do mais apto no estado de natureza.[20]

No caso da atividade humana, é fácil compreender que os "dois elementos da mudança" são distintos. Vê-se bem a separação entre os objetivos práticos dos criadores e as variações que efetivamente se produzem. Mas como justificar uma semelhante separação na natureza entre a causalidade que determina a seleção e a causalidade das variações? Como Darwin, dado que admitia não conhecer as causas que produzem as variações, podia afirmar que elas são diferentes das que produzem a seleção buscada pelos criadores? Essa afirmação iria suscitar equívocos e desempenhar um grande papel em suas pesquisas sobre os mecanismos da hereditariedade.

4.3. Balanço da construção da idéia de seleção natural

A idéia de Darwin não procede de uma simples indução, como se emergisse da observação de fatos isentos de toda interpretação prévia. Darwin estava consciente de que era preciso estar munido de uma hipótese para ver na natureza os fatos pertinentes. Mas tampouco se trata aqui do "afortunado" encontro de idéias circulando na

---

20. Darwin, *L'Origine des espèces*, op. cit., p. 146.

sociedade. É verdade que o pensamento darwiniano se construiu a partir de idéias presentes, a começar pela idéia de adaptação, que provém da teologia natural. Desse ponto de vista, é evidente a inspiração "economista", originada de sua leitura de Malthus e Adam Smith, em quem encontrou a noção de luta pela vida e de equilíbrio no jogo da competição entre todas as espécies. A síntese darwiniana, entretanto, não é um simples reflexo da ideologia liberal da classe burguesa vitoriana: ela procede por um gesto cognitivo inovador, reconfigurando profundamente as idéias admitidas na época. É por um movimento reflexivo que Darwin constrói a idéia de um desacoplamento causal entre variações e condições de vida, e é esse desacoplamento que lhe permite conceber um princípio de seleção que seja natural. As variações ocorrem por acaso para os homens que as selecionam, do mesmo modo que ocorrem por acaso relativamente às condições da luta pela existência que realiza a seleção natural.

Seria possível fazer uma crítica desse emprego do acaso, análoga àquela que Kant desenvolveu contra o Argumento do Desígnio. Para isso, basta notar que a razão tem como *princípio regulador* postular que o conjunto dos fenômenos em um momento dado causa necessariamente o conjunto dos fenômenos do momento seguinte, mesmo que – dada nossa finitude – essa causalidade não possa jamais ser inteiramente determinada. Pode-se então perguntar se a analogia darwiniana não leva a confundir, erroneamente, razão *determinante* e razão *reflexionante*, ao postular na natureza, e a título de explicação, um componente da relação entre o entendimento e os fenômenos, apesar de essa relação ser justamente a de ignorância, ou seja, da não-determinação conceitual da causalidade de certos fenômenos. Em outras palavras, pode-se, legitimamente, admitir a existência, na natureza, de desacoplamentos entre domínios de causalidade – no caso, a variação hereditária, de um lado, e a seleção natural, de outro? De um ponto de vista histórico, pode-se antes ver nessa operação da razão um dos caminhos da invenção teórica e filosófica: um trabalho da razão sobre seus próprios limites produzindo novos esquemas para compreender os fenômenos.[21]

Entretanto, Darwin, que citava com muito escrúpulo e precisão cada pessoa que havia contribuído para seus trabalhos, não reconhecia precursores de sua teoria da origem das espécies. Ele afirmava que nem o trabalho de seu avô, a despeito das numerosas alusões à *Zoonomia* em seus cadernos, nem o de Lamarck ou de qualquer outro autor, haviam-no verdadeiramente influenciado. A análise que acabamos de fornecer permite compreender essa afirmação: toda a construção de sua teoria se desenvolve, de fato, a partir da afirmação da *ausência* de uma causalidade entre condições de vida e variações, causalidade essa que era objeto de pesquisa de todos (assim como dele próprio anteriormente). É esse gesto intelectual tão difícil que caracteriza a inovação darwiniana.

5. *Um longo trabalho secreto*

Em 1839, muitas questões permaneciam em suspenso. De início, era preciso continuar os estudos dos mecanismos da reprodução para compreender as variações hereditárias, mesmo que não se buscasse ligá-las diretamente

---

21. Seria interessante ver se um trabalho do mesmo gênero estaria em operação na invenção histórica de outros grandes esquemas do conhecimento: Sócrates, reconhecendo sua ignorância de uma determinação precisa das idealidades, funda o saber filosófico da diferença entre idéia e opinião, *episteme* e *doxa*; Nicolau de Cusa (1401-1464), reconhecendo sua ignorância do infinito, funda o saber da relatividade do movimento em um espaço geométrico; Pascal, reconhecendo sua ignorância do futuro e dos meios de demonstrar os fins, funda um cálculo das esperanças que se tornará nosso cálculo das probabilidades...

a um valor adaptativo. Era preciso também verificar se havia na natureza uma variabilidade individual tão grande quanto entre as espécies domésticas. Além disso, no plano teórico, Darwin ainda não estava convencido de que o princípio de seleção era suficiente para explicar a separação das espécies e sua divergência na árvore da evolução.

Estava fora de questão, portanto, publicar qualquer coisa, e Darwin iria por muito tempo guardar segredo de suas idéias. Antes de enfrentar a opinião, era preciso pôr à prova sua teoria e consolidá-la sistematicamente. Era preciso também ter em conta as possíveis conseqüências. Sua busca escrupulosa de coerência punha Darwin em uma posição desconfortável. Ele aspirava apaixonadamente alcançar a glória científica, mas não queria, de modo algum, abalar a sociedade ou mesmo chocar seus contemporâneos. Mas a idéia de descendência das espécies por meio da seleção natural não podia ser integrada suavemente no contexto intelectual da sociedade e da ciência vitorianas. De maneira particularmente ambígua, isso devia ao mesmo tempo seduzi-lo e atemorizá-lo. Em suas crises de angústia, ele não sabia mais se sua teoria devia revolucionar o mundo, fazendo dele o novo Newton que a biologia esperava, ou se, ao fracassar, ela faria dele alvo de zombaria na comunidade científica.

A perspectiva do conflito aumentava sua ansiedade. Nas notas sobre sua fé e sobre a busca de um sentido na evolução, vemo-lo seguir quase contra a vontade as conseqüências de seus próprios escritos, como se seu pensamento, constituído ao longo das notas, fosse ao mesmo tempo ultrapassado por elas. Ele se via pressionado, ferido em suas convicções, o que, de resto, o deixava profundamente doente. Darwin sofria de uma moléstia crônica que o incomodaria por praticamente toda sua vida. Em 1865 ele descreveu assim seus sintomas:

> Há 25 anos, flatulências espasmódicas diárias e noturnas extremas; vômitos episódicos que por duas vezes prolongaram-se por meses. Vômitos precedidos de tremores (choros histéricos), sensação de estar morrendo (ou semidesfalecimento)... tinido nos ouvidos, desequilíbrio e visão (foco e pontos negros)... (nervosismo quando E. me deixa só) – O que eu vomito é terrivelmente ácido, pegajoso (às vezes amargo)... ver os dentes. Os médicos (confundidos) falam de gota suprimida – Nenhum dano orgânico, Jenner e Briton...[22]

As primeiras crises sérias tinham ocorrido durante o verão de 1837, seguidas de indisposições cada vez mais freqüentes em 1838; depois, ao longo de todo o ano de 1840, até o verão de 1841, foi a derrocada. Até o fim da década de 1870, Darwin sofreu desses males durante períodos mais ou menos longos. Nos dez últimos anos de vida sua condição física tornou-se mais suportável.

Os maiores médicos da época viram-se impotentes, e os historiadores se opõem quanto aos diversos diagnósticos retrospectivos. Os defensores de uma explicação puramente orgânica dessa doença supõem que se tratava de uma infecção parasitária contraída durante sua viagem. Ele teria sido picado pelo "grande percevejo negro dos pampas" e contraído a doença de Chagas. Essa explicação não é capaz de dar conta dos primeiros sintomas que se manifestaram enquanto Darwin se impacientava em Devenport, aguardando febrilmente a partida do *Beagle*, nem da nítida melhora que ocorreu nos últimos anos de vida.

A explicação psicossomática é plausível. Numa perspectiva psicanalítica, o médico e historiador John Bowlby pensa tratar-se de um caso de hiperventilação associado

---

22. Citado por J. Bowlby, op. cit., p. XVIII.

ao que Freud definiu como uma neurose de angústia.[23] A perda de sua mãe (quando ele tinha apenas oito anos), da qual nunca se falava em sua família, teria provocado muito mais tarde uma hipersensibilidade a toda doença ou possibilidade de morte entre as pessoas próximas. Ele teria, em particular, concebido um grande temor de estar afetado por uma doença hereditária que transmitiria a seus filhos. Além disso, a relação ambígua que mantinha com seu pai – a quem venerava, mas que ao mesmo tempo o atemorizava – explicaria sua sensibilidade particular a toda crítica ou julgamento, e também sua inquieta vontade de fazer tudo corretamente, buscando o sucesso, mas ao mesmo tempo envergonhando-se profundamente de sua pretensão.

No mínimo pode-se supor que a doença de Darwin, ainda que resultasse de uma debilidade congênita do estômago ou do sistema nervoso, era tal que qualquer tensão emocional podia atuar como fator de desencadeamento. Suas grandes crises parecem ter estado ligadas aos conflitos internos e potencialmente públicos produzidos por seus avanços teóricos. Elas ocorreram pouco tempo depois que ele começou a compreender todas as conseqüências sociais e religiosas do princípio de seleção que acabara de formular. Além disso, Bowlby notou uma ligação entre as depressões de Darwin e as ocasiões em que sua mulher estava grávida...

Ao fim da década de 1830, Darwin havia tomado a grande decisão de organizar racionalmente sua vida, para dar lugar tanto ao trabalho como a uma eventual família. Descobriu-se uma tabela bastante divertida dos aspectos positivos e negativos do casamento, redigida por ele próprio. O principal inconveniente era a diminuição de tempo para

---

23. R. Colp, *To Be an Invalid: the Illness of Charles Darwin*, Chicago, Chicago University Press, 1977.

a pesquisa, mas havia também vantagens. Eis como ele conclui seu dilema:

> Meu Deus, meu Deus, é intolerável pensar em passar toda a vida como uma abelha neutra, trabalhar, trabalhar e nada no fim das contas. Não, não, isso não pode ser. Imagine viver toda a vida só, em uma casa suja e enfumaçada de Londres. Pense sobretudo em uma mulher doce e gentil sobre um sofá com uma boa lareira, livros e talvez música. Comparar essa imagem com a sórdida realidade da Great Marlborough Street. Casar-me – casar-me – casar-me C.Q.D.[24]

Após uma assídua corte, Darwin desposa sua prima Emma Wedgwood; seu casamento se realiza em janeiro de 1839 e eles se instalam em Londres. Entre o casal existia uma afeição mútua profunda. Emma foi um apoio constante para seu trabalho e um grande reconforto perante a doença. Tiveram dez filhos, dos quais sete sobreviveram. Darwin era um pai muito atencioso e dedicava muito tempo a seus filhos, dando-lhes uma educação bastante livre e cheia de afeição, o que era muito pouco convencional à época.

Emma era profundamente devota. Charles decidiu confessar-lhe suas dúvidas desde o início de sua relação, o que causou a ela muitas inquietações. Resta-nos uma tocante carta que ela lhe escreveu nessa época:

> Parece-me que o eixo de tuas pesquisas levou-te a ver sobretudo as dificuldades de um dos lados, e que te faltou tempo para observar e estudar a série de dificuldades do outro. Mas creio que não sentes ter uma opinião já formada. Espero que o hábito, que honra a pesquisa científica, de

---

24. Darwin, *Autobiographie*, op. cit., p. 148.

não crer em nada que não tenha sido provado, não venha a influenciar excessivamente teu espírito em outras coisas que não podem ser provadas da mesma forma e que, se são verdadeiras, ultrapassam em muito nosso entendimento... Não creias que isso não seja de minha conta e que signifique pouco para mim. Tudo que te diz respeito diz respeito também a mim, e eu seria muito infeliz se pensasse que jamais pertenceríamos um ao outro. Temo muito que meu negro querido pense que esqueci minha promessa de não o importunar, mas estou certa de que ele me ama e não posso lhe dizer quão feliz ele me torna e quanto eu o amo e lhe agradeço por todo seu afeto que faz, cada dia mais, a felicidade de minha vida.[25]

Ao pé da página, Darwin acrescentou:

Quando eu tiver morrido, lembra-te de que muitas vezes eu cobri esta carta de beijos e lágrimas.

Sua doença continuava preocupante e Darwin queria afastar-se das tensões excessivas provocadas por quase todo encontro intelectual. O casal encontrou uma casa no condado de Kent, em Down, não muito longe de Londres, e lá se instalou.[26]

A despeito de sua doença, Darwin trabalhava regularmente e produzia muito. Continuou o trabalho de pôr em ordem os resultados de sua viagem e terminou de preparar a publicação de seu *Diário de pesquisa da viagem do Beagle*.[27] Ao mesmo tempo continuou a desenvolver suas

---

25. *The Complete Correspondence of Charles Darwin*, v. II, p. 171-2.
26. Pode-se hoje visitar essa casa, que foi magnificamente restaurada.
27. Darwin, *The Zoology of the Voyage of HMS Beagle*, Londres, 1838-1843, 5 vol.; *Journal of Researches into the Geology and Natural History*

pesquisas em geologia sobre os recifes de coral, as ilhas vulcânicas e a América do Sul.[28] Quanto à sua teoria transformista, ele havia escrito um primeiro resumo sintético em 1842, pouco antes de mudar-se para Down; e em 1844 passou a limpo um importante manuscrito que prefigura o texto de *A origem das espécies*.[29] Quando seu estado piorou, fez preparativos para que esse texto pudesse ser publicado caso morresse. Emma deveria revelar seu conteúdo a alguns amigos que se encarregariam de sua edição.

Darwin havia estabelecido relações muito amigáveis com alguns dos grandes cientistas da época. Além de Henslow, ele havia se tornado amigo de Charles Lyell, que encontrara nele um dos melhores apoios para sua teoria gradualista em geologia. Ligou-se igualmente a um jovem botânico, Joseph Hooker (1817-1911), que também havia feito grandes viagens e se tornaria diretor dos jardins botânicos de Kew Gardens. Em janeiro de 1844, Darwin começou a falar-lhe de sua teoria secreta:

> Enfim chegaram os raios de luz e estou quase convencido (contrariamente ao que pensava no início) de que as espécies não são (é como confessar um assassinato) imutáveis. Que Deus me livre dos absurdos de Lamarck sobre uma "tendência à progressão", a "adaptação graças à vontade dos animais", etc.! Mas as conclusões às

---

of Countries Visited during the Voyage of HMS Beagle, 1845. Trad. francesa: *Voyage d'un naturaliste autour du monde*, Paris, La Découverte, 2 vol., 1992.

28. Darwin, *The Structure and Distribution of Coral Reefs*, 1842. Trad. francesa: *Les Récifs de corail, leur structure et leur distribution*, Paris, Baillière, 1878.

29. Darwin, *The Foundations of the Origin of Species: Two Essays Written in 1842 and 1844* [publicados originalmente em 1909 por Francis Darwin], New York University Press, 1987. Trad. francesa: *Ébauche de L'Origine des espèces (Essai de 1844)*, Diderot Éditeur, Pergamme, 1998.

quais sou levado não são muito diferentes das dele, embora os mecanismos da mudança difiram bastante. Penso que descobri (que presunção!) a simples maneira pela qual as espécies se adaptam tão maravilhosamente a diversos fins.[30]

Darwin, entretanto, mantinha-se prudente. No outono de 1844, um livro publicado anonimamente, *Vestígios da história natural da criação*, tinha causado escândalo. Seu autor se revelou ser Robert Chambers, jornalista e editor em Edimburgo, que era também um amador esclarecido de geologia. Com explicações bastante confusas, ele tentava oferecer uma visão da natureza mais aceitável para um pensamento liberal e otimista que o criacionismo fixista; o progresso social se situaria no prolongamento de um progresso biológico, haveria uma transformação progressiva e contínua das espécies e o próprio homem poderia descender de animais inferiores. Chambers inspirava-se na filosofia da natureza de Schelling e Laurenz Oken. O desenvolvimento das espécies na história do mundo vivo seria a imagem do desenvolvimento do organismo de cada indivíduo. Esse progresso evolutivo determinista iria desde a organização mais simples até às formas mais complexas e à inteligência superior do homem. Uma tal evolução podia, além disso, conformar-se muito bem a uma inspiração divina.

No entanto, Chambers foi imediatamente condenado por materialismo e fortemente criticado pelos próprios sábios que Darwin tanto estimava e esperava convencer. Por exemplo, A. Sedgwick mostrou, a partir de arquivos fósseis, que não havia continuidade, mas sim saltos entre as espécies que povoavam as diversas camadas geológicas.

---

30. *The Complete Correspondence of Charles Darwin*, v. II, p. 238, trad. francesa em Bowlby, op. cit., p. 251, ou Bowler, op. cit., p. 130.

O livro foi, porém, um sucesso de vendas e influenciou secretamente vários jovens cientistas (entre eles um certo Alfred Russel Wallace do qual falaremos novamente).

Em conseqüência de uma observação de Joseph Hooker, Darwin convenceu-se de que não se podia tentar propor publicamente uma teoria geral em biologia sem antes se ter mostrado capaz do longo e meticuloso trabalho de descrição e classificação de um grande grupo zoológico. Após o exame de um espécime de anatifa, ou craca, recolhido nas costas do Chile, ele começou a trabalhar na redação de uma monografia sobre a subclasse dos cirrípedes. Esses pequenos crustáceos marinhos de corpo recoberto de placas calcárias iriam ocupá-lo durante oito anos, conduzindo à publicação de dois volumes que produziram grande impacto.[31]

Foi apenas em 1854, portanto, que Darwin pôde voltar a trabalhar na questão da origem das espécies. Em particular, era preciso resolver um problema que permanecia em suspenso: seria o princípio de seleção capaz de dar conta da tendência das espécies de se separarem no curso da evolução?

6. *O problema da divergência*

Na década de 1840, Darwin, influenciado pela geologia gradualista de Lyell, pensava que a transformação das espécies só ocorria em conseqüência das lentas mudanças do meio físico; essas mudanças climáticas deviam conduzir a novos desafios para a adaptação e deviam ser, também, as causas das variações. Assim, desde o ensaio de 1844, Darwin admitia que, na ausência de modificação do meio, as espécies não evoluíam: estando perfeitamente

---

31. Darwin, *A Monograph of the Sub-class Cirrepedia with Figures of all the Species*, Londres, Ray Society, 1851-1854.

adaptadas às condições de vida existentes, não deviam sofrer novas variações – o que mostra a que ponto Darwin permanecia próximo do mundo dos criadores e horticultores. Ele acreditava ainda a essa época que a variabilidade das espécies domésticas devia-se às condições de vida artificiais nas quais são mantidas. Na natureza, a mudança do meio seria uma causa, análoga à ação dos técnicos, que provocaria as variações das espécies selvagens. Subsistia, portanto, uma certa confusão entre os papéis respectivos da seleção e da variação.

Para explicar a diferenciação de uma espécie em duas novas (o que chamamos hoje a *especiação*), era necessário imaginar que fenômenos geológicos separassem duas populações em territórios onde elas encontrassem condições de existência diferentes. Esse tipo de explicação podia muito bem funcionar no caso de espécies vivendo em arquipélagos, como os famosos tentilhões das ilhas Galápagos. Uma migração excepcional (tempestades, galhos à deriva) teria trazido alguns casais do continente. A seguir, diversas variações aleatórias provocadas por esse novo meio teriam sido selecionadas em função dos lugares que ele oferecia. De acordo com essas condições de existência, teria havido diferentes evoluções das populações separadas nas diferentes ilhas. Progressivamente as diferenças teriam se tornado tão grandes que se formaram espécies distintas, cujas populações não mais podiam cruzar entre si. A partir daí, se novas migrações transportassem de uma ilha a outra alguns membros dessas várias espécies, elas coabitariam sem se mesclar, explorando lugares diferentes na economia natural. Hoje, esse mecanismo é chamado de especiação alopátrica, porque ele exige o isolamento de populações em territórios separados.

Em 1854, a reflexão de Darwin atinge sua maturidade e corresponde praticamente ao texto de *A origem das espécies*. Depois do estudo sobre os cirrípedes e outras investigações sobre as espécies naturais, ele estava convencido da existência de uma importante variabilidade individual no estado de natureza. Essa variabilidade deve produzir uma incessante e sempre ativa exploração dos lugares na economia natural. Darwin compreendeu então que o princípio de seleção natural aplica-se melhor quando se reconhece que as adaptações jamais alcançam uma perfeição absoluta, o que é provado pelo sucesso de espécies aclimatadas em novas regiões.

A distinção entre *variação* e *seleção* está agora bastante nítida. A variabilidade não mais depende de mudanças de condições de seleção. Além disso, a grande variabilidade natural observada permite pensar em um processo propriamente criador no seio da evolução, que explicaria a extraordinária diversidade das espécies e sua divergência sem ter de mobilizar em cada caso fenômenos geológicos importantes como a formação de uma montanha ou o isolamento de uma ilha. A complexa operação da economia ecológica deveria permitir uma especiação que se chamaria agora "simpátrica", porque se produz em um mesmo território. Nos nossos dias recusa-se essa possibilidade, pelo menos na teoria darwiniana moderna da evolução, tal como existe depois da síntese da década de 1940. Mas para Darwin ela era essencial, e proporcionava uma concepção do processo evolutivo muito mais rica do que a que se conservou depois dele.

Darwin tinha construído a solução retomando sua analogia:

> Como sempre faço, fui buscar em nossas produções domésticas a explicação desse fato.[32]

---

32. Darwin, *L'Origine des espèces*, op. cit., p. 119.

Na seleção artificial, o análogo da especiação é a formação de duas variedades a partir de uma forma ancestral comum. A diferenciação resulta das escolhas dos criadores que decidem seguir critérios distintos de seleção (por exemplo, a velocidade para um cavalo de corrida e a força para um cavalo de tração). Ora, Darwin havia observado que essas escolhas eram freqüentemente guiadas pelas variações que concretamente se produzem.

> Na prática, um amador se interessa, por exemplo, por um pombo com um bico um pouco mais curto que de ordinário; outro amador nota um pombo com um bico longo; e, com base no princípio reconhecido de que "amadores não admiram um tipo médio mas preferem os extremos", começam ambos [...] a escolher e fazer reproduzir pássaros com bicos cada vez mais longos ou cada vez mais curtos.[33]

Os critérios de seleção que os criadores aplicam às variações em suas atividades de criação podem ser inspirados pelas próprias variações.[34] Os criadores têm um gosto pelo bizarro:

> Quanto mais um desvio acidental apresenta um caráter anormal ou bizarro, mais chance ele tem de atrair a atenção do homem.[35]

---

33. Ibidem, p. 120.
34. Esse é o caso sobretudo entre os criadores de fantasia que trabalham pelo prazer estético e para os concursos de criação: "Ninguém, por exemplo, teria tentado produzir um pombo-de-leque (*fantail*) antes de ter visto um pombo cuja cauda apresentava um desenvolvimento um pouco inusitado; ninguém teria procurado produzir um pombo-de-papo (*poulter*) antes de ter observado um pombo com um papo de tamanho pouco usual..." Ibidem, p. 38.
35. Ibidem, p. 38-9.

Isso interessava muito a Darwin. Como a seleção inconsciente, que permitia limitar o papel da intencionalidade na seleção artificial, aqui é o próprio critério de escolha que é naturalmente determinado.

> Mas não tenho dúvidas de que a expressão "tentar produzir um pombo-de-leque" é, na maioria dos casos, extremamente incorreta. O homem que primeiro selecionou um pombo com uma cauda um pouco mais desenvolvida jamais sonhou no que se tornariam os descendentes desse pombo após uma seleção, parcialmente inconsciente e parcialmente metódica, estendida por longo tempo.

Mas como esse modelo eminentemente antropomórfico serviria para descrever um mecanismo natural? O problema foi bem apresentado por Darwin da seguinte forma:

> Mas como, perguntar-se-á, pode qualquer princípio análogo ser aplicado na natureza? Acredito que pode e que de fato se aplica da forma mais eficiente (embora tenha demorado muito para que eu visse como), em razão da simples circunstância de que, quanto mais os descendentes de uma espécie qualquer se diferenciam em sua estrutura, constituição e hábitos, mais estão em condições de se apropriar de lugares numerosos e muito diferentes na economia da natureza e, por conseguinte, de aumentar seu número.[36]

O princípio estético do gosto pelo bizarro é substituído na natureza por uma vantagem para o original. Uma variação individual afortunada, ao se afastar da norma seletiva do lugar que a espécie ocupava na economia natural, vai explorar novas regiões de possível viabilidade. Se ela

---

36. Darwin, *L'Origine des espèces*, p. 39.

tem sucesso, uma nova possibilidade de evolução é criada. Um novo critério de seleção pode realizar sua obra acumulando as variações que vão em sua direção. As variações (de caracteres orgânicos ou de instintos) seriam assim um motor criativo na evolução. Em conseqüência, o acaso atua na própria transformação das espécies. Vimos anteriormente que as variações individuais são aleatórias relativamente às condições de seleção correspondentes aos lugares na economia da natureza. Mas agora, se admitirmos que certas variações podem inventar novos critérios de seleção, esses dois níveis se encontram. As vantagens dos caracteres já não são constantes. A própria seleção muda aleatoriamente.

> Como vemos às vezes indivíduos terem hábitos diferentes daqueles próprios de sua espécie e de outras espécies do mesmo gênero, pareceria que esses indivíduos devessem *acidentalmente* tornar-se o ponto de partida de novas espécies, com hábitos distintos dos normais, e cuja conformação se afastaria mais ou menos da de sua estirpe-padrão.[37]

Pode-se tentar distinguir dois momentos. De um lado, o momento de criação de um novo lugar na economia natural. Há então vantagem para o indivíduo desviante, em relação ao antigo critério de seleção. De outro lado, o momento da adaptação a esse novo lugar sob o efeito da seleção natural. Há então eliminação das variações inadaptadas segundo o novo critério. No caso de espécies domésticas, parece fácil separar o momento de uma crise criativa, durante a qual um novo critério de seleção é inspirado por uma variação particular e o momento em que os dois níveis da variação e do critério de seleção são

---

37. Ibidem, p. 193. Grifo acrescentado.

de novo bem separados, com o criador prosseguindo metodicamente em seu trabalho. Mas, na natureza, parece muito difícil separar desse modo o processo evolutivo. Se as variações ocorrem ao acaso relativamente ao critério de seleção, e se esse próprio critério muda em função dessas variações, então o acaso emerge no plano da própria evolução. Os critérios de seleção se transformam ao mesmo tempo que as espécies. Não se trata mais de um processo de otimização, mas antes de descoberta. Não se pode mais encontrar, no plano da seleção, uma direção ou uma ordem que se opusesse sistematicamente ao caos das variações. As conseqüências dessa concepção para a questão do progresso ou do sentido da evolução são de prima importância. Voltaremos a elas mais adiante.

Em 1854, e nos anos seguintes, Darwin dedicou-se a numerosas outras pesquisas: como sempre, aos problemas da hereditariedade e da causalidade de suas variações, mas também à origem dos instintos e emoções ou à seleção sexual. Ele preparava assim lentamente uma vasta obra que deveria se chamar *A seleção natural*. Começava também a falar de suas idéias a alguns amigos escolhidos: Lyell, Hooker e Asa Gray (1810-1888), importante botânico americano que lhe havia apresentado Hooker, com quem entrara em correspondência. Trabalhava para convencer os cientistas a fim de se assegurar de um apoio sólido antes de difundir publicamente suas idéias. Hooker já estava bastante convencido, mas Lyell ainda resistia quando, em 1858, produziu-se um acontecimento que iria precipitar a publicação de sua teoria.

3
A recepção

1. Alfred Russel Wallace

Em 1858, vinte anos depois de ter iniciado seu trabalho, Darwin recebeu de um jovem explorador, Alfred Russel Wallace (1823-1913), um texto de oito páginas intitulado "Da tendência das variedades a se afastarem indefinidamente do tipo original"[1], uma explicação da origem das espécies que lhe pareceu exatamente idêntica à sua própria!

Que fazer? Retardar a publicação do texto de Wallace e rapidamente apresentar qualquer coisa à comunidade científica? Fazer publicar o texto e abandonar toda pretensão à anterioridade, seu próprio trabalho daí em diante devendo aparecer como simples extensão da idéia desse colega, quinze anos mais jovem, retido pela febre amarela em um pequeno porto do arquipélago das Molucas?

Darwin descreveu seu dilema a Lyell e Hooker, e seus amigos rapidamente encontraram uma solução que acomodava ao mesmo tempo sua prioridade e seus escrúpulos: em 1º de julho de 1858, diante da Sociedade Lineana

---

1. A. R. Wallace, "On the Tendency of Varieties to Depart Indefinitely from Original Type", 1858, trad. francesa em *Théories de l'évolution*, J.-M. Drouin e C. Lenay (Org.), Presses Pocket, Agora, 1990, p. 86-99.

de Londres, fizeram ler simultaneamente o texto de Wallace, um extrato do manuscrito que Darwin havia escrito em 1844, e uma passagem de uma carta endereçada em 1857 a Asa Gray na qual descrevia sucintamente suas idéias.[2] Depois, em um ano de trabalho contínuo, Darwin retomou suas notas e escreveu *A origem das espécies*.

Por que o nome de Wallace é tão pouco conhecido? A anterioridade de Darwin é incontestável, mas essa não é uma razão suficiente; aos olhos da história só conta o que está publicado e pode assim participar do trabalho coletivo.

Pode-se apelar, no plano psicológico, para o fato de que Wallace, em grande medida autodidata, admirava Darwin sinceramente, antes mesmo de descobrir a confluência de suas idéias sobre a evolução.[3] Darwin tinha uma posição institucional sem comparação com a de Wallace; seu longo trabalho lhe havia permitido acumular uma formidável quantidade de fatos e argumentos que davam suporte ao que, em Wallace, não passava ainda de simples hipótese especulativa.

Se admitirmos que as teorias de Darwin e Wallace são efetivamente semelhantes, é preciso reduzir a parte da criação individual no caminho em direção à invenção. Dadas as condições históricas, essa descoberta seria feita por qualquer pessoa que se encontrasse na situação propícia. O que dissemos acima sobre o percurso da invenção darwiniana deveria poder reencontrar-se em Wallace. Ora, justamente,

---

2. *Journal of the Proceedings of the Linnean Society, Zoology*, 3: 45-62, 20.8.1858. Esse conjunto de textos em tradução francesa está publicado em *Théories de l'évolution*, op. cit.

3. Quando enfim ele se decidiu a apresentar suas concepções em uma obra sintética, ele a intitulou... *Darwinism: an Exposition of the Theory of Natural Selection with Some of Its Applications*, Londres, 1889 (trad. francesa, 1891).

em seu breve ensaio, este escreveu explicitamente que, para compreender a origem das espécies naturais, era preciso rejeitar toda analogia com a maneira pela qual os criadores produziam as variedades artificiais, e não empregou o termo "seleção", cujo emprego por Darwin ele, aliás, mais tarde criticou.

Há, não obstante, razões propriamente teóricas para o fato de denominarmos darwinismo a teoria da evolução pela seleção natural. De fato, a despeito das espantosas convergências, há diferenças significativas entre as idéias de Wallace e as de Darwin. Como Darwin, Wallace tinha se impressionado com a geologia de Lyell. Ele havia lido Pyrame de Candolle e Malthus, e reconhecia a presença necessária de uma "luta pela existência", na qual as variações podem se revelar vantajosas, e, conseqüentemente, ser encontradas entre os descendentes. Um processo desse tipo devia produzir uma tendência natural a um progresso da adaptação, uma transformação e uma diferenciação de espécies. Como Darwin, ele estava inspirado pela doutrina epistemológica da *vera causa*, e propunha-se a validar seu princípio testando sua eficácia explicativa, essencialmente sobre os dados da biogeografia. O fato de Wallace não ter recorrido à experiência dos práticos é explicada pelo fato de que, classicamente, se pensava que as espécies domésticas abandonadas na natureza retornariam a sua forma selvagem. Isso servia de argumento em favor de uma estabilidade essencial das espécies, que não poderiam ser perturbadas senão momentaneamente pela ação humana. Assim, para defender a possibilidade de uma transformação real das espécies, Wallace procurou mostrar que na natureza, ao contrário do caso das espécies domésticas, havia uma luta implacável pela existência que deveria produzir um afastamento irreversível da população em relação a seu tipo original.

Ora, Darwin, que conhecia muito melhor o trabalho dos práticos, não acreditava no mito do retorno à forma selvagem. Ao contrário, ele havia encontrado entre os criadores o conhecimento de variações hereditárias, isto é, variações estáveis, transmitindo-se sem mudança entre as gerações quaisquer que fossem as mudanças em seu ambiente. Além disso, tanto na criação doméstica como na natureza, a seleção aplica-se apenas às variações individuais de caracteres hereditários. É a conservação e a acumulação dessas variações que produz a mudança evolutiva da população. Para Wallace, por outro lado, quem sofre variações são os grupos ou as variedades[4]: a competição não é entre os indivíduos, mas entre populações. Para descrever essas variações, ele faz apelo à teoria das probabilidades e das médias estatísticas que estava se difundindo na Inglaterra, notadamente sob o impulso de John Herschel, que lá introduzira os trabalhos de Adolphe Quételet (1796-1874).[5] Em um meio intelectual no qual começava a penetrar uma concepção mais positivista da atividade científica, as explicações causais à maneira de Whewell perdiam sua importância. Tornava-se possível estabelecer um saber científico limitado à observação de regularidades estatísticas nas populações. Ainda que uma tal abordagem não tenha alcançado toda sua força senão ao final do século XIX, com os trabalhos de Galton e dos biométricos, já se encontra em Wallace essa atitude que consiste em tomar a variabilidade das populações como um fato irredutível que não se está obrigado a explicar:

---

4. Como bem mostrou Jean Gayon, "Wallace de fato falhara em 1858 ao distinguir firmemente entre as 'variedades' e as 'variações'". *Darwin et l'après Darwin: une histoire de l'hypothèse de sélection naturelle*, Paris, Kimé, 1992, p. 32.
5. J. Herschel, "Quételet on Probabilities", *Edinburg Review*, 92, 1850, p. 1-57.

> A variabilidade universal – pequena em quantidade mas distribuída em todas as direções, oscilando sem cessar em torno a uma condição média até ser impelida em uma dada direção pela "seleção" natural ou artificial – é a base simples para a modificação indefinida das formas vitais...[6]

Wallace evita assim a problemática dos mecanismos da hereditariedade, central para Darwin bem como para muitos de seus leitores. Isso tem importantes conseqüências para a dinâmica da mudança das espécies. Vimos que, para Darwin, a analogia da seleção artificial havia desempenhado um papel crucial no desenvolvimento de seu pensamento, em particular quanto à questão do acaso. Ora, justamente, além do fato de não problematizar o fenômeno da hereditariedade, a teoria de Wallace pode desembocar numa forma de determinismo evolutivo. No momento em que se admite uma "variabilidade universal" em "todas as direções", já se provê de início aquilo que Darwin teve tanta dificuldade para conceber, a saber, uma variabilidade independente das condições de seleção. A aplicação contínua de um mesmo critério de seleção poderá determinar uma evolução constante e uniforme.

Essa perspectiva será mais tarde desenvolvida pelos biométricos e os geneticistas populacionais como R. A. Fisher (1890-1962). Para Darwin, ao contrário, "ainda que todas as partes do corpo variem ligeiramente, disso não resulta que as partes necessárias devam sempre variar na direção correta e no grau correto"[7]; além disso, como vimos, a variação pode ter um papel criador na evolução.

---

6. A. R. Wallace, "Creation by Law", *Quarterly Journal of Science*, outubro de 1867. Trad. francesa: "Création par loi", in: *La Sélection naturelle. Essais*, Paris, 1872, p. 303.

7. Darwin, *L'Origine des espèces*, op. cit., p. 243.

Em Wallace, não há "iniciativa" interna ao ser vivo. A única verdadeira causa da evolução é a seleção determinada pelas condições externas, que se aplica sobre variações puramente passivas. Assim, para ele, a especiação é estritamente alopátrica. Darwin tomou progressivamente consciência de suas divergências com Wallace. Eles as discutiram em sua correspondência, mas evitaram torná-las públicas. Os combates que se seguiram à publicação de *A origem das espécies* exigiam que se fizesse uma frente comum.

Publicado em novembro de 1859, o livro causa imensa sensação.[8] Darwin conta em sua autobiografia que a primeira tiragem de 1.250 exemplares vendeu-se em um dia, o mesmo ocorrendo com a segunda, de 3 mil exemplares.[9] O sucesso da obra seria duradouro.

Imediatamente uma violenta oposição se armou. Nessa reação, misturaram-se dois combates: de um lado, sobre

---

8. Darwin, *On the Origin of Species by Means of Natural Selection or the Preservation of Favoured Races in the Struggle for Life*, Londres, Murray, 1859. Trad. francesa: *L'Origine des espèces au moyen de la sélection naturelle ou la préservation des races favorisées dans la lutte pour la vie*, GF-Flammarion, 1992. Darwin remanejou profundamente o texto ao longo das diferentes edições. Há hoje uma edição, o *Variorum*, que retoma sentença por sentença o conjunto das suas edições. A primeira tradução francesa (baseada na 3ª edição inglesa) é de Clémence Auguste Royer, *De l'origine des espèces ou des lois du progrès chez les êtres organisés*, Paris, Guillaumin et Cⁱᵉ et Masson, 1862. A segunda tradução francesa (baseada na 6ª edição inglesa) é a de J.-J. Moulinié, op. cit. A terceira tradução francesa (baseada na última edição inglesa) é de E. Barbier. Salvo indicação em contrário, as referências das citações remetem às páginas de *L'Origine des espèces au moyen de la sélection naturelle ou de la lutte pour l'existence dans la nature*, Petite Collection Maspero, 2 vol., 1980. [Embora se tenham mantido as referências às páginas da edição francesa, a tradução das citações de *A origem das espécies* para o português foi feita com base no texto do original inglês. (N. T.)]

9. A autobiografia de Darwin foi traduzida para o francês e prefaciada por Jean-Michel Goux, *Autobiographie. Darwin, La vie d'un naturaliste à l'époque victorienne*, Paris, Belin, 1985.

a idéia de uma descendência das espécies, de outro, sobre o princípio explicativo da seleção natural.

2. Oposição fixista

Ao oferecer sua teoria de uma origem natural das espécies, Darwin esperava fortes críticas. Sabia que estava indo de encontro ao ponto de vista religioso ortodoxo de que cada espécie tinha sido objeto de uma criação divina independente. O mais chocante para a tradição era a posição do ser humano nesse sistema. Em *A origem das espécies*, Darwin não citava explicitamente o caso da espécie humana, mas, por uma generalização imediata, ficava claro que o homem devia ter aparecido naturalmente, como os outros animais no curso da história da vida, tese que, de resto, ele desenvolveu alguns anos mais tarde, em 1871, em seu livro *A descendência do homem*.

Essa esperada oposição fixista não era muito inquietante para Darwin, desde que progressivamente a comunidade científica aceitasse seguir sua teoria transformista. Ele fugia dos conflitos, evitava cuidadosamente os confrontos diretos e sua estratégia de preparação de uma primeira rede de sustentação funcionou esplendidamente. Em particular, ao final da década de 1850, ele se havia ligado a Thomas Huxley, jovem anatomista especialista em invertebrados marinhos, muito atuante nas administrações universitárias. Excelente orador, ele admitia não ter aversão à polêmica e se autodenominava o "buldogue de Darwin". Num célebre debate na British Association de Oxford, em meio a uma multidão agitada e em companhia de Hooker, Huxley enfrentou o bispo Samuel Wilberforce, que organizava o ataque contra Darwin. Depois de ter apresentado diversas críticas científicas, certamente "sopradas" por Owen, Wilberforce concluiu em um tom irônico, perguntando a Huxley se era seu avô ou avó que descendia de um macaco!¹⁰ Huxley respondeu que não tinha nenhuma vergonha em descender do macaco, mas lamentaria se fosse aparentado a um homem que empregava sua inteligência daquele modo para mascarar a verdade... – A importância desse debate parece ter sido exagerada mais tarde para prover um exemplo da eterna luta da ciência contra a religião.

Com o tempo, a Igreja Anglicana (e mais tarde a Igreja Católica) convenceu-se a separar as questões de religião das questões científicas. A idéia de uma transformação evolutiva das espécies foi progressivamente admitida, apesar de a questão de seu mecanismo permanecer prudentemente evitada. Quando de sua morte, Darwin, que havia conseguido jamais levantar qualquer crítica pública contra a Igreja, recebeu funerais nacionais na abadia de Westminster. Seu féretro, carregado por Joseph Hooker, Thomas Huxley e Alfred Russel Wallace, foi colocado nas proximidades do túmulo de Isaac Newton. E o *Times* o honrou então com o prestigioso título de "Newton da biologia".

Uma perspectiva criacionista com pretensões científicas ressurgiu recentemente nos Estados Unidos, no contexto de uma renovação do fundamentalismo religioso. Nele se encontram argumentos críticos quase idênticos aos que foram produzidos logo em seguida à publicação de *A origem das espécies*. A história do darwinismo exibe, até nossos dias, um permanente retorno do mesmo embate de argumentos e contra-argumentos.¹¹

---

10. Com esse tipo de observação, Wilberforce mostrou que não compreendera a teoria de Darwin. A evolução é um fenômeno "populacional": as variações vantajosas são as dos *caracteres* hereditários. Elas se espalham e se acumulam na população que se transforma assim progressivamente de geração em geração.

11. Esse é o ponto de partida da coletânea de ensaios, reunidos e apresentados por Patrick Tort, discutindo o estado atual desses debates: *Pour Darwin*,

Além disso, embora tenha sido efetivamente Darwin quem pôs sua marca na história, ao dar à idéia de uma transformação das espécies o valor de um novo paradigma de pesquisa, essa idéia era já bem conhecida. Em 1859, mesmo na Inglaterra, numerosos cientistas a admitiam de forma mais ou menos oficial (Grant, Owen, Spencer, Chambers, etc.). Se a maioria dos biólogos, aproximou-se progressivamente do transformismo, isso ocorreu de forma relativamente independente do mecanismo de seleção natural proposto. Além de seu valor estritamente científico e o prestígio já grande de seu autor, a teoria de uma evolução das espécies era aceitável e desejável no contexto de uma concepção progressionista da humanidade e da natureza, então cada vez mais difundida.

Mas uma oposição diferente da reação fixista se apresentava. Ela era muito mais dolorosa para Darwin, porque vinha de pessoas que ele estimava. Essa oposição dizia mais respeito ao mecanismo da seleção natural do que ao fato de ter ocorrido ou não uma transformação histórica das espécies. Em primeiro lugar, a teoria darwiniana não parecia ater-se aos cânones da epistemologia clássica, na medida em que não respeitava o princípio do determinismo das leis naturais. Além disso, mostrou-se muito problemático adequá-la ao progressionismo que, no entanto, garantiu seus primeiros sucessos.

3. Oposição determinista

Sir John Herschel, o astrônomo e filósofo que Darwin tanto admirava, reagiu vigorosamente contra a teoria da seleção natural. Em uma nota de rodapé que acrescentou

---

que contém também traduções francesas de dois textos de Darwin: "Esquisse biographique d'un petit enfant" (1877) e o "Essai posthume sur l'instinct" (1883), Paris, PUF, 1997.

em 1861 à segunda edição de sua *Geografia física do globo*, ele comparou a teoria de Darwin à de um dos sábios imaginários que Gulliver encontrara em suas famosas viagens:

> Não podemos aceitar o princípio de variações arbitrárias e acidentais e da seleção natural como suficiente por si mesmo para dar conta dos mundos presentes e passados mais do que aceitaríamos o método de composição de livros em Laputa (levado ao exagero) como suficiente para dar conta de Shakespeare ou dos *Principia*.[12]

De fato, Jonathan Swift relatara como Gulliver, em sua passagem por Laputa, visitou na academia de Logado um sábio que havia feito o projeto de "aperfeiçoar as ciências especulativas pelas operações mecânicas". Com auxílio da máquina que havia inventado, ele contava produzir livros de filosofia e de poesia sem recurso ao gênio ou estudo. A máquina empregada possuía um conjunto de 40 alavancas que permitiam lançar dados nos quais palavras estavam escritas. Os jovens que acionavam as alavancas liam as combinações de palavras assim produzidas. Quando três ou quatro palavras consecutivas podiam fazer parte de uma frase, eles as acrescentavam ao livro que estava sendo redigido. A teoria darwiniana seria semelhante ao empreendimento do professor de Logado. Nenhuma ordem, nenhuma harmonia poderia sair de uma acumulação de variações acidentais.

Herschel não foi o único a fazer essa crítica: Karl Ernst von Baer, por exemplo, também se referiu à utopia de Swift. Esses autores não recusavam a idéia de uma origem das espécies por meio de uma evolução progressiva; o que lhes parecia inadmissível era o emprego do acaso

---

12. J. Herschel, *Physical Geography of the Globe* (1861), citação repetida na 4ª ed., 1872, p. 12.

implicado pelo mecanismo da seleção natural. Uma explicação verdadeiramente científica da origem das espécies deveria, ao contrário, fornecer uma lei geral e universal que permitisse determinar precisamente, dadas as condições particulares de nosso planeta, a evolução que nele se produziria. Observe-se que assim se tornava possível admitir que uma inteligência superior tivesse guiado as etapas dessa evolução:

> ... não pretendemos negar que uma tal inteligência pudesse agir segundo uma lei [isto é, um plano preconcebido e definido].[13]

Muitos naturalistas estavam, portanto, dispostos a admitir a teoria da evolução, desde que fosse possível encontrar nela um lugar para a providência divina, seja por intervenção direta, seja pela intermediação de leis de desenvolvimento que ela teria instituído.[14]

4. Oposição progressionista

Se aceitarmos colocar questões metafísicas sobre o sentido e a existência de Deus sob a dependência de argumentos empíricos, então a teoria da seleção natural é particularmente perigosa para a religião, intimada a ingressar no debate científico. O problema não era o caráter puramente mecânico da seleção natural. Poder-se-ia admitir perfeitamente um determinismo causal, desde que estivesse aberta a possibilidade de tomá-lo como instrumento da criação divina.

---

13. Ibidem.
14. D. L. Hull, *Darwin and his Critics: The Reception of Darwin's Theory of Evolution by the Scientific Community*, Cambridge, Mass., Harvard University Press, 1973, p. 60.

Mas como admitir que o Criador tivesse empregado um método tão cruel como a seleção natural para deixar se formarem progressivamente as espécies até o homem? Essa visão pessimista da natureza, o imenso desperdício das múltiplas variações tentadas e em seguida abandonadas, os múltiplos desvios testemunhados pelos órgãos rudimentares, nada disso podia se conciliar com a providência ou uma intencionalidade racional. O mais inaceitável na seleção natural dizia respeito, portanto, ao papel desempenhado pelo acaso. Ele será a causa de uma aliança antidarwiniana entre certas perspectivas religiosas e o materialismo histórico ou as ideologias liberais do progresso.

4.1. Darwin e a idéia de progresso

A teoria da seleção natural proporcionava uma forma de refutação do Argumento do Desígnio, pois permitia explicar a complexidade da organização da espécie e de suas adaptações sem fazer intervir nenhuma causalidade intencional.[15] No entanto, Darwin havia procurado por longo tempo manter algum acordo formal com a religião. À época da redação de *A origem das espécies*, ele se considerava um teísta:

> Uma outra fonte de convicção da existência de Deus, ligada à razão e não aos sentimentos, parece-me bem mais ponderável. Ela decorre da dificuldade extrema, quase da impossibilidade, de conceber este universo imenso e maravilhoso, compreendendo o homem com

---

15. "O velho argumento de uma finalidade na natureza, como apresentado por Paley, que antes me parecia tão conclusivo, caiu por terra depois da descoberta da lei de seleção natural." Darwin, *Autobiographie*, op. cit., p. 72.

sua capacidade de ver longe no passado e no futuro, como o resultado de uma necessidade ou acaso cegos.[16]

A refutação geral do Argumento do Desígnio não era o objetivo de Darwin. Ele foi antes arrastado a contragosto a essa conclusão sob o efeito da força destrutiva do acaso que havia postulado de início e que lhe parecia indispensável para salvar o caráter puramente mecanicista de sua teoria. Darwin provavelmente se satisfaria em dar à origem das espécies uma solução determinista recuperável pela teologia, evitando assim essas polêmicas que lhe foram tão desagradáveis.

Mas era bastante difícil reservar um lugar para alguma inteligência diretriz no contexto da teoria da seleção natural. A originalidade desse esquema explicativo consiste precisamente no caráter imprevisível da história da evolução. A indeterminação não é sinal de uma limitação de nossos conhecimentos, ela é intrínseca ao próprio mecanismo. O gênio retórico de Darwin em *A origem das espécies* consiste em convencer-nos da existência de um mecanismo da evolução sem precisar, para isso, deduzir a história efetivamente percorrida. Ele explica o processo histórico e, ao mesmo tempo, mostra que ele é imprevisível. Como observou Sedgwick, a teoria da seleção natural não poderia, portanto, ser provada pela verificação das deduções que ela permitia realizar.[17] Ela não pode ser refutada por observações paleontológicas particulares.

Além disso, Darwin sabia desde o início de suas pesquisas que seria absurdo querer classificar as espécies segundo uma ordem linear de progresso. A evolução é em

---

16. Ibidem, p. 76.
17. Carta de Adam Sedgwick a Darwin, dezembro de 1859, reproduzida em D. Hull, op. cit., p. 157.

forma de árvore, e cada espécie é o cume de seu próprio ramo. Se ela existe, é porque resolveu bem os problemas de sobrevivência e reprodução que lhe foram apresentados. Cada espécie, da mais humilde à mais prestigiosa, evolui numa direção própria, bem adaptada à sua maneira.

> Se minha teoria implicasse como condição necessária o progresso da organização, as objeções desse tipo [a existência de organismos muito simples, ou degenerados] ser-lhe-iam fatais.[18]

Não obstante, Darwin tentava estabelecer uma aliança com os liberais progressionistas dando a entender que se poderia mesmo assim definir orientações progressionistas na evolução. No início de suas reflexões, tendo encontrado um mecanismo explicativo da finalidade adaptativa dos caracteres, ele podia esperar generalizar o efeito teleológico dos mecanismos da seleção natural no sentido de um aumento da complexidade ou do desenvolvimento do pensamento e das faculdades morais. Veremos que, de resto, ele conservará uma forma de progressionismo no caso do homem.

Mas, à medida que aprofundava os estudos das variações, Darwin extraía sistematicamente as conseqüências de seu caráter aleatório. Seus trabalhos sobre a divergência mostravam que não se podia contar com critérios de seleção definidos e constantes para orientar a evolução. A seleção continua sendo um princípio de otimização local, mas é impossível extrair dela uma orientação, na medida em que as variações redefinem sem cessar a direção seletiva.

A evolução das espécies é tão indeterminada quanto a história humana:

---

18. Darwin, *L'Origine des espèces*, op. cit., p. 242.

> não se poderia dizer taxativamente por que, nas outras partes do globo, diversos animais pertencentes à mesma ordem não adquiriram nem pescoço alongado nem tromba; mas esperar uma resposta satisfatória a uma questão desse tipo seria tão pouco razoável quanto exigir a razão pela qual um acontecimento da história da humanidade não ocorreu em um país, apesar de ter ocorrido em outro.[19]

Na evolução, não mais do que na história, não há lei transcendente e determinista. Numa tal perspectiva, era difícil conciliar a teoria darwiniana com uma concepção progressionista da natureza, e isso prejudicava, aliás, tanto os oponentes quanto os partidários de Darwin. Em seu combate para impor a idéia de uma origem natural das espécies, estes últimos necessitavam de todo apoio possível, em particular dos biólogos que, aderindo a uma perspectiva progressionista, consideravam com ceticismo o mecanismo proposto. Suas reservas freqüentemente juntavam-se às críticas dos antidarwinianos. Bowler, que distinguiu cuidadosamente esses debates complexos de suas motivações indistintamente científicas e ideológicas, mostrou que a maior parte dos primeiros biólogos que se definiam como darwinianos eram mais propriamente "pseudodarwinianos".[20] Eles apoiavam o sábio pois confiavam na ciência e no progresso, mas não compreendiam verdadeiramente sua teoria. Para alguns, essa incompreensão iria mais tarde desembocar em uma oposição explícita a uma aplicação demasiado estrita e exclusiva do princípio de seleção.

Thomas Huxley, por exemplo, não estava convencido do continuísmo da evolução. Supunha, antes, que ela

---

19. Ibidem, p. 243.
20. Bowler, op. cit. p. 184.

avançava por saltos, e as causas dessas variações bruscas deviam encerrar a verdadeira explicação da transformação das espécies. Do mesmo modo, Ernst Haeckel, biólogo alemão que iria desempenhar um papel decisivo na difusão do darwinismo no continente, revelou-se de fato profundamente lamarckiano. Mas o caso de Spencer, um dos primeiros defensores de Darwin, é particularmente característico.

4.2. Herbert Spencer

Herbert Spencer (1820-1903), filósofo já célebre nessa época, havia chegado desde 1852, independentemente de Darwin, às idéias transformistas. Toda sua filosofia estava fundada sobre uma concepção do desenvolvimento embriológico que havia tomado de Karl Ernst von Baer (1792-1876), célebre anatomista russo, fundador da embriologia moderna. Von Baer mostrou que, no curso de seu desenvolvimento, o embrião passa necessariamente de um estado menos organizado (mais homogêneo) a um estado mais organizado (mais heterogêneo). Para Spencer, o campo de aplicação dessa lei era ilimitado, cobrindo desde a evolução das estrelas até a evolução das sociedades, passando pela dos indivíduos e das espécies:

> É verdade que, se uma célula isolada pode, sob certas influências, tornar-se um homem em um espaço de vinte anos, então não há nada de absurdo em supor que, sob certas outras influências, uma célula possa, após a passagem de miríades de séculos, dar origem à raça humana. Os dois procedimentos são idênticos em seu gênero, e não diferem senão pela duração e complexidade.[21]

---

21. H. Spencer, "The Development Hypothesis" (1852). Trad. francesa: "L'Hypothèse du développement", in: *Essais de morale, de science et d'esthétique*, Paris, Baillière, 1871-1879, v. 2, p. 10.

A idéia de um progresso determinado estava ligada a essa lei. No caso da sociedade humana, esse movimento progressivo se compreendia como efeito de uma competição entre os indivíduos. Adepto entusiasta do individualismo e da livre empresa, Spencer via na luta pela existência entre indivíduos um fator que orientaria positivamente a evolução. De acordo com os valores burgueses do progresso e do esforço, a competição teria um valor intrínseco: ela seria um estimulante do trabalho individual que permitiria a melhoria de cada um.

A inspiração comum – Malthus e os economistas liberais – explica uma certa convergência entre Spencer e Darwin, e é por isso que se designa como um "darwinismo social" a concepção economicista baseada na livre competição e na eliminação dos menos aptos. No entanto, a despeito de uma aliança estratégica, há diferenças essenciais entre esses dois autores. Spencer é fundamentalmente lamarckiano. Para ele, as variações individuais resultam da luta pela existência. Em seu trabalho para sobreviver, o indivíduo tem acesso ao valor das transformações que produz sobre si mesmo e que transmite para sua descendência. A evolução é um processo teleológico que vai no sentido do progresso. Para Darwin, ao contrário, as variações se produzem independentemente das exigências de seleção, seu valor não é definido de antemão, e é somente sua eliminação diferencial que constitui o processo criador da transformação das espécies.

Entretanto, sob a influência de Spencer, a partir da 5ª edição de *A origem das espécies* (1869), Darwin aceitou empregar a locução "sobrevivência do mais apto" para designar a seleção natural. Essa mudança de vocabulário não estava isenta de ambigüidade, pois, para Darwin, a seleção atuava essencialmente sobre caracteres individuais, mesmo se, de fato, ela se realizasse mediante uma competição entre indivíduos.

Mas o mais importante é o emprego do termo "evolução", que Spencer conseguiu impor. A palavra "evolução" vem do *evolutio* embriológico, que corresponde ao desenvolvimento determinado do ovo antes de chegar ao organismo adulto.[22] Embora utilizemos hoje essa palavra para designar a teoria de Darwin, ela está praticamente ausente de *A origem das espécies*, aparecendo apenas na última frase. Darwin lamentava a conotação de progresso que a ela se associa e preferia falar da "teoria da modificação pela seleção natural".[23] O termo "evolução" já está hoje consagrado, e fomos obrigados, páginas antes, a cometer esse anacronismo.

4.3. Os principais críticos

Para funcionar, o Argumento do Desígnio exige da ciência que ela mostre que as organizações observadas não podem resultar senão de um acaso tão grande que é inadmissível sem a intervenção de uma intenção. Ora, o acaso presente no núcleo da teoria de Darwin não tinha esse caráter insustentável. Uma constante do pensamento darwiniano é minimizar tanto quanto possível a amplitude das variações que se produzem.[24] Se fosse preciso admitir que as variações selecionadas eram, a cada vez, complexas modificações dos organismos, então o Argumento do Desígnio poderia ter sido recuperado, pois uma tal modificação,

---

22. Para as diversas encarnações das palavras "evolução" e "desenvolvimento" ao longo do século XIX, ver G. Canguilhem et al.: "Du développement & l'évolution au XIXe siècle", Thalès, 1962, tomo XI (1960), republicado em *Du développement & l'évolution au XIXe siècle*, apresentação de Etienne Balibar e Dominique Lecourt, Paris, PUF, 1985.
23. Ver E. Gilson, *D'Aristote à Darwin et retour*, Paris, Vrin, 1971.
24. Como ele escreverá mais tarde, "A teoria da seleção natural nos permite compreender claramente todo o valor do antigo axioma: *Natura non facit saltum* [a natureza não dá saltos]". Darwin, *L'Origine des espèces*, op. cit., p. 226.

exigindo o acordo de numerosos componentes distintos mas produzindo subitamente um novo ser adaptado, não poderia ter sido produzida por uma simples coincidência, e teria sido preciso reconhecer nesse fato a intervenção do Criador. Assim, para Darwin, todas as variações bruscas (monstruosidades ou formas desviantes) deveriam ser excluídas do processo de evolução pela seleção natural. Isso explica por que numerosos oponentes da teoria darwiniana procuraram mostrar que a evolução deveria ter procedido por modificações importantes e súbitas.[25]

Do mesmo modo, ao colocar em evidência as regularidades de desenvolvimento na evolução e os paralelismos evolutivos entre espécies muito afastadas, devia-se mostrar que essas regularidades progressivas e essas convergências (por exemplo, o olho do cefalópode e o olho humano) não poderiam ter-se produzido por acaso, e indicavam a existência de um plano racional. O reconhecimento de formas homólogas, por exemplo, estruturas geométricas semelhantes nas espécies afastadas de foraminíferos, deveria também excluir que elas pudessem ser resultados do acaso.[26]

Para desacreditar o mecanismo da seleção natural, buscava-se assim defender a existência de adaptações ideais, ou negar a desordem da evolução das espécies, o que Darwin tinha pouca dificuldade para refutar, graças a seu grande conhecimento da diversidade das formas vivas.

A última linha argumentativa para escapar à crueldade absurda da seleção consistia em admitir que o desígnio

---

25. St. G. J. Mivart, *On the Genesis of Species*, Londres, Macmillan, 1871. Ver também, do mesmo autor, "Darwin's Descent of Man", *Quarterly Review*, 131, 1871, p. 47-90, reimpresso em D. L. Hull, *Darwin and his critics...*, op. cit., p. 354-84.
26. William Benjamin Carpenter, "Darwin and the Origin of Species", *National Review*, 10, 1860, p. 188-214, reproduzido em D. Hull, *Darwin and his Critics...*, op. cit., p. 88-114.

divino era interno à natureza. Deus teria criado a vida de tal modo que ela fosse adaptável. Ela seria uma força "finalizadora" (*purposeful force*) injetada na natureza e capaz de reagir aos desafios do ambiente.[27] A adaptação não seria predeterminada, mas resultaria de uma interação constante das espécies com seu ambiente. Reconhece-se facilmente aí uma forma de lamarckismo. Nessa busca de um sentido na evolução, compreende a aliança do lamarckismo com a teologia natural, apesar de esta tê-lo condenado pouco antes por materialismo.

Vimos anteriormente como, na gênese de sua teoria, Darwin havia rejeitado a hipótese de uma determinação da evolução pela ação direta do ambiente sobre os organismos. Mas como, sem dispor ainda de uma teoria da hereditariedade, poderia ele justificar que as espécies não pudessem determinar de maneira interna as variações que lhes seriam necessárias? Darwin tinha de propor urgentemente uma teoria da transmissão dos caracteres e de suas variações. Logo após a publicação de *A origem das espécies*, ele lançou-se à preparação de uma importante obra: *A variação dos animais e das plantas sob o efeito da domesticação*.[28] Esse livro deveria também responder às objeções mais técnicas diretamente ligadas à questão da hereditariedade.

Em 1867, um engenheiro escocês, Fleeming Jenkin, chamou a atenção para o fato de que as variações selecionadas deviam diluir-se na população. Caso, como se

---

27. S. Butler, *Evolution, Old and New: Or the Theories of Buffon, Dr. Erasmus Darwin, and Lamarck, as Compared with that of Mr. Charles Darwin*, Londres, Hardwick and Bogue, 1879.

28. Darwin, *The Variation of Plants and Animals under Domestication*, Londres, 2 vol., 1868. Primeira trad. francesa por J.-J. Moulinié, 2 vol., Paris, 1868. Os capítulos contendo a hipótese da pangênese foram republicados em: C. Lenay (Org.), *La découverte des lois d'hérédité*, Presses Pocket, Agora, 1990, p. 103-60.

pensava comumente, a hereditariedade se fizesse pela mistura das influências dos dois progenitores, as crias deveriam situar-se na média familiar. Nesse caso, uma variação individual, mesmo muito vantajosa, só retornaria pela metade na descendência de um casal formado pelo organismo variante e um organismo médio. Sua prole, mesmo ainda gozando de uma vantagem por essa semivariação, só produziria descendentes modificados em um quarto... e toda inovação rapidamente desapareceria na população.

Para salvar sua teoria, Darwin devia apelar para uma variabilidade natural muito significativa (veremos mais adiante que a genética trará uma outra resposta), ainda mais porque o tempo concedido à história da vida acabava de ser brutalmente reduzido em conseqüência das observações do grande físico William Thomson (1824-1907). O futuro lorde Kelvin, que teve um célebre papel no desenvolvimento da termodinâmica, pensava ter demonstrado que a Terra não podia ter uma origem tão remota quanto supunha a geologia de Lyell.[29] O biólogo devia inclinar-se diante do veredicto do físico. Tornava-se difícil conceber o nascimento das espécies apenas pela ação demasiado lenta da seleção natural de pequenas variações. Darwin sentiu-se obrigado, então, a introduzir outros fatores como a transmissão dos caracteres adquiridos pelo costume, ou, ainda, uma misteriosa "tendência a variar na mesma direção".

---

29. Em seus cálculos, Kelvin ignorava a radioatividade que alimenta o calor terrestre e que, mais tarde, permitiria estabelecer que Lyell e Darwin tinham uma idéia muito mais correta da imensidão dos tempos geológicos.

4
As pesquisas seguintes e a posteridade

1. *Os problemas da hereditariedade*

A teoria de Darwin desempenhou um papel decisivo na história da biologia ao definir uma nova problemática da hereditariedade. Até então, os naturalistas tentavam compreender a geração, isto é, a semelhança dos indivíduos no interior da mesma espécie. A hereditariedade, ao contrário, dizia respeito à transmissão de diferenças individuais na mesma família (como uma herança). Esses fenômenos eram já conhecidos, mas tinham apenas uma função secundária, vindo a complicar as hipóteses possíveis sobre a geração.

Com Darwin, cada espécie não é mais que a acumulação, no curso da evolução, de variações individuais de caracteres hereditários. A transmissão das diferenças individuais deveria, portanto, permitir compreender o conjunto dos fenômenos da geração. Darwin trabalhava há muito tempo nessa questão, acumulando observações e especulações provenientes tanto de cientistas como de práticos.

1.1. A hipótese da pangênese[1]

O objetivo era forjar uma hipótese sintética que explicasse de forma puramente mecanicista o grande número de fatos conhecidos: reprodução sexual (distribuição de caracteres na descendência) ou assexual (divisão de organismo unicelular, plantio de mudas, partenogênese), atavismo ou reversão (reaparecimento de caracteres ancestrais), e variações. O princípio geral dessa hipótese apoiava-se em idéias comuns a todos os biólogos, ocupados à época na pesquisa de uma explicação materialista dos fenômenos da hereditariedade. Todas as suas teorias tinham em comum o fato de que as questões da hereditariedade e do desenvolvimento do organismo (embriogênese e crescimento) estavam confundidas. Compreender a transmissão de um caractere era equivalente a compreender como, em uma continuidade material e causal, ele poderia se desenvolver de novo na criança.

Os pais fornecem uma parte deles mesmos capaz de reproduzir um todo com a mesma organização. A reprodução seria como um prolongamento do ato de crescer: é uma ex-crescência. Essa concepção materialista da hereditariedade é encontrada, por exemplo, em Spencer, em seus *Princípios de biologia*, ou em Haeckel, que Darwin citava:

> É somente a identidade parcial dos materiais específicos constituintes do organismo do progenitor e da criança, a divisão dessa substância na ocasião da reprodução, que é a causa da hereditariedade.[2]

---

1. C. Lenay (Org.), *La découverte des lois de l'hérédité*, op. cit., p. 103-60.
2. Citado em Darwin, *La variation des animaux et des plantes sous l'effet de la domestication*, op. cit., p. 423.

Nessa concepção, a reprodução assexual de um ser unicelular ou duma planta por enxerto seria da mesma natureza que a reprodução sexual:

> causa satisfação descobrir que as gerações sexuais e assexuais, dois modos muito distintos pelos quais um mesmo ser vivo pode ser produzido, são fundamentalmente as mesmas.[3]

Havia, portanto, interesse em começar pelo caso mais simples da reprodução assexual. O que deve ser explicado, tanto em um caso como em outro, é a constituição dos materiais transmitidos, e o modo pelo qual reproduzem o crescimento. Para isso, a teoria celular parecia prover elementos de inteligibilidade. De fato, os trabalhos de Matthias Jacob Schleiden (1804-1881) em botânica e de Theodor Schwann (1810-1882) em zoologia haviam mostrado que todos os seres vivos eram formados de células, isto é, de unidades vivas relativamente independentes, pertencentes a diferentes tipos morfológicos. Além disso, os estudos de Rudolf Virchow (1821-1902) haviam estabelecido que toda célula procede de outra célula por divisão. Não se conhecia ainda o papel do núcleo e os fenômenos da mitose, mas nos casos das espécies unicelulares o mecanismo de hereditariedade parecia claro. Os caracteres específicos de uma célula resultam de sua organização material (seu plasma). Ela conserva essa organização em seu crescimento por assimilação da matéria presente em seu ambiente, depois se divide, produzindo duas células filhas que, constituídas da mesma substância, terão as mesmas propriedades específicas. O problema era estender essa perspectiva aos organismos pluricelulares.

---

3. Darwin, idem.

No estágio dos conhecimentos da época, nada permitia afirmar que a célula constituísse a unidade orgânica mínima capaz de se reproduzir por divisão. Podia-se, como Herbert Spencer, imaginar que a própria célula era formada de "unidades fisiológicas" ainda menores. Darwin propôs denominar "gêmulas celulares" essas unidades vivas. Elas poderiam ser produzidas pelas células, e, em condições favoráveis, crescer e culminar em uma célula semelhante àquela da qual provinham. Em um organismo pluricelular, cada célula emite gêmulas características de seu tipo de organização. Elas circulam por todo o corpo e vêm preencher as células sexuais. No desenvolvimento do embrião, essas gêmulas se multiplicam, crescem e produzem os diferentes tipos celulares. Segundo suas afinidades físico-químicas, gêmulas e células se agregam umas às outras em uma ordem determinada, até formar um novo ser organizado. Um processo semelhante estaria em jogo na restauração de uma parte do organismo após uma lesão.

Havia se mostrado que, no caso de certas plantas, pequenas partes das folhas ou dos caules eram capazes de atuar como mudas para reconstituir a planta inteira. Isso poderia ser explicado pela presença de um grande número de gêmulas nas partes destacadas. Ao contrário, no caso da reprodução sexual, o desenvolvimento não é possível para um espermatozóide ou um óvulo isolados, simplesmente pela falta de gêmulas. É preciso que eles se unam para atingir a quantidade crítica que permitirá o desenvolvimento do embrião.

A hipótese da pangênese explicava também os fatos bem conhecidos do "retorno" (atavismo). As gêmulas podiam permanecer em estado latente, como sementes adormecidas. O reaparecimento na descendência de um caractere que parecia extinto nos progenitores diretos resultaria da transmissão dessas gêmulas em estado latente.

Nesse quadro conceitual, toda variação hereditária é inicialmente uma variação adquirida: entre as variações que o organismo sofre ao longo de sua vida, elas são as que se transmitem à descendência. Como em todas as teorias materialistas da hereditariedade de meados do século XIX, admite-se a transmissão de caracteres adquiridos. A diferença entre lamarckismo e darwinismo diz respeito apenas ao valor adaptativo ou não dessas variações. Para um lamarckiano, as variações resultam do uso, ou da falta de uso, dos órgãos nas circunstâncias impostas pelo ambiente. Nesse caso, supõe-se que elas são de imediato adaptativas e a seleção natural não tem nenhum papel criador. Darwin, ao contrário, precisava mostrar que as variações adquiridas não eram em geral adaptativas, sendo somente por acaso que algumas dentre elas se mostravam apropriadas às condições de seleção.

Na primeira edição de *A origem das espécies*, Darwin distinguiu entre variações diretas e indiretas. A variação direta seria o efeito imediato das condições do meio sobre os organismos que ali vivem:

> modificações de estatura por causa da quantidade de alimentos; modificação de coloração proveniente do tipo de alimentação; modificações na espessura da pele e da pelagem em virtude da natureza do clima, etc.[4]

A variação indireta, ao contrário, seria o efeito retardado das condições do meio ambiente sobre o sistema reprodutor. As causas externas perturbam a formação das células reprodutivas e seu efeito não se exprime, portanto, senão na geração seguinte. Essas variações indiretas constituiriam o essencial do material a partir do qual a seleção natural pode agir.

---

4. Darwin, *L'Origine des espèces*, op. cit., p. 8.

De fato, no caso da variação direta, Darwin pensava em 1859 que, se a causa externa for a mesma, todos os organismos da espécie devem variar simultaneamente da mesma maneira. Não há mais acaso nem seleção propriamente dita. Com efeito, a noção de seleção contém em si mesma uma relação cronológica e uma certa forma de ruptura na causalidade. Só se pode concebê-la se uma diversidade de variações reprodutivas lhe estiver dada de antemão e independentemente. Aqui, é a situação física da espécie que, ao mesmo tempo, causa as variações e define as condições de existência. Não há mais explicação da adaptação exceto admitir que essas variações são adaptadas por acaso. Mas como conceber que elas possam se acumular na evolução segundo uma adaptação crescente?

É certo que as variações diretas podem comparar-se às variações lamarckianas correspondentes ao desenvolvimento ou não de certos órgãos pelo uso ou falta de uso. Embora tenha sempre se mostrado reticente, Darwin admitia cada vez mais que esse mecanismo poderia desempenhar um papel na evolução, desde que se excluísse todo recurso a uma intencionalidade atuante. A ação das circunstâncias deve ser estritamente mecânica, e não mobilizar nenhuma forma de vontade do organismo na explicação de seus hábitos, o que Darwin criticava em seu avô Erasmus e também (com certeza erroneamente) em Lamarck. Descobriu-se, além disso, que a teoria da pangênese permitia integrar esse tipo de variações adquiridas que ele denominou "variação direta definida". As células que são assim afetadas no curso da vida de um indivíduo podem fornecer gêmulas modificadas, em conseqüência.

> Se, por uma mudança de condições, ou qualquer outra causa, uma parte do corpo se modificasse de uma manci-

ra permanente, as gêmulas, que não são senão porções mínimas do conteúdo das células constitutivas dessa parte, reproduziriam naturalmente a mesma modificação.[5]

Esse mecanismo, contudo, não poderia desempenhar mais que um papel auxiliar na transformação das espécies. Em primeiro lugar, fato é que não vemos em parte alguma uma evolução procedendo sob o efeito determinado de uma causa externa. E, como se sabe, criadores e horticultores não haviam descoberto as vias de uma tal determinação. Mas, sobretudo, Darwin não parecia convencido de que essas variações pudessem ser sistematicamente adaptativas. Note-se que é só por um antropomorfismo otimista que se pode propor que uma variação produzida pelo uso ou falta de uso deva ser forçosamente positiva para o organismo. Ela resulta de hábitos determinados pelas necessidades, mas essas necessidades, compreendidas num plano estritamente mecanicista, não são elas próprias mais que caracteres hereditários fixados na evolução que, como os instintos, determinam os comportamentos dos organismos. Fora da seleção natural, não há nenhuma razão para supô-las adaptativas.

Para explicar a adaptação, as variações indiretas pareciam muito mais apropriadas. Seus mecanismos seriam complexos e difíceis de caracterizar, mas, ao afetarem o número e a natureza das gêmulas, suas afinidades mútuas e seu desenvolvimento, elas deveriam produzir as variações hereditárias mais diversas. O acaso dessas variações relativamente às condições de seleção parece claro. Elas não foram produzidas em resposta a essas condições quando estas se impuseram aos progenitores. Há dois momentos distintos: aquele em que a variação se produz

---

5. Darwin, *De la variation...*, op. cit., p. 401.

pela ação de certas causas sobre o sistema reprodutor dos progenitores, depois aquele em que, entre os descendentes, ela revela suas conseqüências no plano do organismo como um todo e toma parte na luta pela existência.

Darwin descobriu, entretanto, desde a publicação de *A origem das espécies*, que a idéia de variação indireta não podia justificar tão facilmente a existência das variações hereditárias aleatórias das quais a seleção natural necessitava. Pode-se entender a razão acompanhando a leitura de Darwin feita nos círculos monistas materialistas na França e na Alemanha. Talvez o caso mais radical seja o de Clémence Royer. Profundamente lamarckiana, ela professava uma confiança absoluta no progresso científico e econômico pelo *laisser-faire*. Adepta fervente do "darwinismo social" à maneira de Spencer, era antiigualitarista e violentamente anticlerical. Foi a tradutora da primeira edição francesa de *A origem das espécies*, em 1862, para a qual redigiu um extenso prefácio em que, no contexto de uma reflexão filosófica e política, ela assimilava a teoria darwiniana a um lamarckismo generalizado. Na passagem em que Darwin insistia sobre a importância das variações indiretas em relação às diretas, Clémence Royer, traduzindo a palavra inglesa "selection" por "élection" (escolha, eleição), acrescenta em uma nota:

> Se o efeito das condições de vida se confunde com o da eleição natural, é talvez porque no fundo eles têm ambos uma causa original idêntica que age somente de uma maneira mais ou menos direta, e por meio de uma série mais ou menos longa de causas secundárias.[6]

---

6. C. Royer, in: Darwin, *De l'origine des espèces ou des lois du progrès...*, op. cit., p. 195.

Na verdade, de um ponto de vista puramente mecanicista, toda variação deve se reportar a uma ação direta do ambiente sobre o organismo. Do ponto de vista de uma concepção de hereditariedade como excrescência, as variações indiretas não passam de variações diretas cujos efeitos são mais ou menos retardados. Todas as variações estão determinadas no âmbito de uma mesma causalidade geral:

> Mas como a eleição natural, em toda parte, não é, a cada instante, senão o efeito da ação sempre presente do meio ambiente sobre todos os seres organizados de um mesmo local, isto é, as circunstâncias locais, são então exatamente essas circunstâncias, ou melhor, as condições complexas da vida, que determinam e governam todas as variações, em primeira e em última instância, mediata ou imediatamente, por sua ação direta sobre as gerações presentes ou por sua ação transmitida sobre as gerações passadas, e que formam assim o Alfa e o Ômega da série de causas que contribuem para a transformação das espécies.[7]

Não há mais acaso nem papel real para a seleção natural. Darwin ficou muito surpreendido pela tradução de Clémence Royer. Finalmente, em 1870, ele lhe retirou os direitos para confiá-los a Reinwald (que encomendou uma nova tradução a Jean-Jacques Moulinié). Mas não se deve rejeitar a concepção de Clémence Royer como simplesmente fantasiosa. Uma interpretação muito semelhante havia sido proposta por Haeckel, que foi, não obstante, o principal divulgador do darwinismo na Alemanha. Para ele, variação e adaptação eram diretamente equivalentes.

---

7. C. Royer, in: Darwin, *De l'origine des espèces ou des lois du progrès...*, op. cit., p. 197.

A ação das circunstâncias determina as variações no conjunto da espécie e conduz diretamente à evolução. Darwin deveria admitir que a variação indireta não apresentava diferenças significativas em relação à variação direta. Para manter um papel central para a seleção natural, ele deveria oferecer uma nova justificativa da ruptura causal entre variação e seleção.

Em 1869, Darwin pensava poder dar uma resposta mostrando que a variabilidade era essencialmente interindividual no interior de cada espécie. E, de fato, todo o problema provinha do fato de que se havia postulado apressadamente que todos os indivíduos de uma espécie variavam do mesmo modo sob efeito das mesmas causas. Mas às variações diretas definidas poder-se-ia opor uma variabilidade indefinida:

> Essa variabilidade indefinida se traduz pelas inumeráveis pequenas particularidades que distinguem os indivíduos de uma mesma espécie; particularidades que não se pode atribuir, em virtude da hereditariedade, nem ao pai, nem à mãe, nem a um ancestral mais distante.[8]

As variações indefinidas resultam da conjunção de dois diferentes fatores: a natureza das condições ambientes e a natureza do organismo individual que delas sofre o efeito. Ora, os organismos são diferentes tanto por sua história como por sua hereditariedade particular. Suas variações serão, portanto, diferentes e suficientemente independentes do valor adaptativo que terão para a espécie. Ainda que diretamente causadas pelo meio, elas continuarão acidentais para a seleção natural. Mas tais mecanismos, em boa medida hipotéticos, não permitiam verdadeiramente excluir o determinismo direto da evolução.

---

8. Darwin, *L'Origine des espèces...*, op. cit., p. 9.

Mesmo levando em conta a complexidade das diferenças individuais, sempre se pode manter que é um e o mesmo sistema de causalidade que determina as variações e sua seleção. Esse tipo de argumentação iria, portanto, parecer muito insuficiente para a posteridade. Em particular, um biólogo alemão, August Weismann (1834-1914), ao retomar a problemática das variações, radicalizou o darwinismo e preparou a concepção moderna de hereditariedade.

1.2. Rumo à moderna teoria da hereditariedade

Na década de 1930, depois de muitos conflitos entre mendelianos e darwinianos, a genética populacional iria permitir que se realizasse uma grande síntese entre teoria da hereditariedade e teoria da seleção natural. No entanto, é preciso resistir à idéia histórica de um encontro contingente dessas teorias, como se elas tivessem se desenvolvido independentemente em função de exigências conceituais e empíricas distintas. Na verdade, a teoria mendeliana da hereditariedade, tal como entendida no começo do século XX, estava essencialmente ligada à problemática legada por Darwin. Não é por acaso que iria por fim concordar tão bem com a idéia de evolução por meio de seleção natural. A genética, longe de ter sido uma solução trazida de fora para a teoria da seleção natural, foi antes uma contribuição para o crédito da herança darwiniana. Vamos vê-la rapidamente, pois muitas das discussões atuais sobre o darwinismo estão ligadas a questões de genética molecular.

Foi a partir de uma reflexão sobre a evolução que Weismann propôs, no ano de 1883, uma nova teoria da hereditariedade, a "teoria da continuidade do plasma germinativo". Ao mesmo tempo, ele reformulou a teoria da seleção natural, fundando o que depois se chamaria de "neodarwinismo".[9] Este consiste em explicar a evolução das espécies unicamente com o auxílio da seleção natural, excluindo absolutamente toda transmissão à descendência de caracteres adquiridos ao longo da vida individual. Nos dias de hoje, se aceitarmos os resultados da biologia molecular, as coisas estão claras. A hereditariedade consiste na transmissão de informação contida na seqüência de bases nucléicas que compõem as longas moléculas do DNA. No organismo, essa informação se exprime num caminho de mão única, indo do DNA para as proteínas (via RNA): o código genético permite definir a seqüência dos aminoácidos que compõem a proteína a partir da seqüência das bases nucléicas no DNA, e são as propriedades físico-químicas dessas proteínas que determinam as características do organismo. Uma modificação de um gene no DNA poderá provocar uma variação hereditária da proteína que ele codifica, mas uma variação dessa proteína não provoca a mudança correspondente do gene. É, portanto, com base em uma teoria da hereditariedade que hoje se deduz a impossibilidade de uma transmissão de caracteres adquiridos. Entretanto, do ponto de vista histórico, foi a partir da problemática evolucionista de uma rejeição da transmissão de caracteres adquiridos que Weismann concebeu a teoria da hereditariedade que iria desempenhar um papel essencial na formação de nossa atual concepção da genética.

No início de suas pesquisas, Weismann seguia seus contemporâneos, os quais, como Haeckel, admitiam que toda mudança hereditária deveria em última análise resultar de uma variação direta. Mas ele também percebia que, se

---

9. A expressão "neodarwinista" ("Neo-Darwinian") não é de Weismann; ela foi inventada (ao mesmo tempo que a expressão "Neo-Lamarckian") por George John Romanes (1848-1894), "Mr. Spencer on Natural Selection", *The Contemporary Review*, 6 de abril (1893), p. 499-517.

causas externas determinam diretamente o curso da evolução, não há mais explicação da adaptação dos organismos a seu ambiente. Assim, precisava-se mostrar que as variações hereditárias eram efeitos determinados de uma causalidade material mecânica e, ao mesmo tempo, que elas surgiam ao acaso relativamente às condições da seleção natural, isto é, que elas podiam tanto ser como não ser adaptativas. Para isso, Weismann julgou necessário postular que as variações dos organismos sob efeito do meio não eram da mesma natureza que as variações hereditárias que constituem a evolução. O caractere hereditário, enquanto propriedade biológica transmissível, conservada ou não pela seleção natural, deve ser distinguido das múltiplas particularidades de suas realizações concretas individuais. Mas como, sem abandonar um rigoroso materialismo, justificar que os caracteres hereditários possam se manter constantes enquanto suas realizações materiais em diferentes organismos sofrem incessantes modificações? Seria preciso supor a existência de uma causa constante e estável, semelhante em todos os indivíduos que possuem uma mesma característica hereditária.

Foi isso que Weismann conseguiu estabelecer a partir de uma reflexão teórica sobre o estabelecimento, na evolução, de uma duração de vida limitada em cada espécie.[10] A hereditariedade de uma característica como essa não pode ser compreendida como uma simples prolongação do crescimento. Ele inverteu essa concepção e levou a imaginar que a hereditariedade precede o desenvolvimento. A causa hereditária da morte por velhice precede a morte e deve se manter intacta de uma geração a outra. No organismo, ela resultaria da limitação da capacidade

---

10. A demonstração evolucionista de Weismann foi amplamente criticada pelos geneticistas de populações, o que em nada diminui sua considerável importância histórica.

multiplicativa das células somáticas (que compõem o corpo), uma limitação determinada segundo a substância (o plasma) das células germinativas (que servem à reprodução). Ao contrário, a perenidade da espécie e de seus caracteres seria assegurada pela preservação nos órgãos da reprodução de células germinativas imortais (capazes de se dividir indefinidamente). A partir de 1885, para seguir os rápidos progressos da citologia de sua época, Weismann transformou progressivamente sua idéia original de uma continuidade da linhagem germinativa na da "continuidade de um plasma germinativo", e deslocou a distinção entre os dois tipos de linhagens celulares para situá-la no interior de cada célula, entre um plasma germinativo no núcleo e o plasma somático correspondente ao citoplasma que o circunda. A partir de 1887, Weismann chegou mesmo a associar seu plasma germinativo aos cromossomos, esses bastonetes fáceis de colorir dos quais se descobriu o estranho comportamento por ocasião da fecundação e divisão celulares.

A distinção entre caracteres hereditários e organismo é pensada como a separação de duas substâncias materiais: o plasma germinativo que se reproduz sempre idêntico a si mesmo nos diversos indivíduos e o plasma somático, muito mais variável, que constitui o organismo de cada indivíduo. As causas hereditárias e os efeitos dessas causas estão separados. O plasma germinativo determina as características, mas conserva-se inalterado.

Para Darwin, as gêmulas eram gérmens de células, elas exprimiam suas características *transformando-se* nessas células. Para Weismann, ao contrário, o plasma germinativo age como uma regra comandando seus efeitos, um *determinante* que se mantém constante enquanto produz esses efeitos. Compreende-se que a variação hereditária seja de um gênero diferente de uma variação na ontogênese. Só as variações do plasma germinativo correspondem a variações hereditárias. Elas se produzem independentemente e antes da realização concreta desses caracteres. Não há mais hereditariedade do adquirido. A seleção age favorecendo os caracteres expressos nos organismos e provoca indiretamente a propagação de seus suportes germinativos. O desacoplamento que se buscava entre variações de caracteres hereditários e seleção se explica assim pela distinção entre os *determinantes* desses caracteres e suas realizações concretas em cada organismo particular.

Essa distinção entre *gérmen* e *soma* deu à oposição entre inato e adquirido seu sentido moderno. Antes da construção weismanniana, essas duas origens possíveis dos caracteres individuais estavam profundamente imbricadas, pois uma variação hereditária era desde o início uma variação adquirida. O inato e o adquirido só se podiam opor enquanto inscrições mais ou menos profundas. Após Weismann, os dois tipos de causas dos caracteres são ontologicamente distintos, referindo-se a duas diferentes substâncias.

O sucesso da concepção de hereditariedade proposta por Weismann foi imenso. A despeito de fortes resistências, sobretudo na França, ela se revelou dotada de um grande poder explicativo. Ao distinguir entre os caracteres e seus suportes, ela permitiu a autonomização de um programa de pesquisa sobre a hereditariedade independentemente dos detalhes fisiológicos e embriológicos da realização dos caracteres no desenvolvimento embrionário.[11]

Essa distinção metodológica e teórica esteve na origem da genética. A distinção entre plasmas germinativo e somático iria se transformar progressivamente até tornar-se a que existe hoje entre genótipo e fenótipo, entre informação

---

11. "O estudo dos fatos da hereditariedade não precisa esperar por uma fisiologia definitiva da célula." A. Weismann (1885), 1892, p. 342.

genética e sua expressão orgânica. De fato, ao dividir o plasma germinativo de Weismann em partículas independentes (denominadas "pangenes" por Hugo de Vries), foi possível compreender como, apesar de os caracteres serem interdependentes na organização de um indivíduo, eles poderiam ser determinados por pangenes materialmente separáveis contidos nos núcleos celulares, partículas que poderiam então se distribuir aleatoriamente nas células sexuais. Nesse contexto teórico foram redescobertas, ao final do século, as "leis de Mendel". Rapidamente se passou a denominar "gene" os determinantes que se encontram reunidos aos pares em cada organismo e "genética" a recém-nascida ciência da hereditariedade. A pesquisa do suporte material dos genes culminaria, depois de muitas peripécias, na descoberta da estrutura tridimensional das moléculas de DNA (1953) e, posteriormente, na compreensão do código genético. As leis probabilísticas da repartição de caracteres na descendência são explicadas pelo fato de as operações de manipulação dos genes (quando da divisão celular ou da fecundação) serem efetuadas independentemente de sua "significação" (sua tradução em proteína). Do mesmo modo, as variações hereditárias ocorrem ao acaso relativamente às condições de seleção, à medida que as mutações genéticas se produzem sobre o DNA independentemente da significação dos genes que ele contém.

Com a descoberta do DNA, a biologia tornou-se uma "biologia molecular". Mas observe-se que o momento de maior sucesso do reducionismo, já que todos os fenômenos biológicos parecem reportar-se a explicações moleculares, é também aquele em que se vê surgir, no campo da explicação dos fenômenos naturais, todo um conjunto de conceitos tomados de empréstimo às ciências do engenheiro: codificação, programa, reconhecimento, traduçao...

Talvez isso não seja tão surpreendente se nos lembrarmos que Darwin havia introduzido a moderna problemática da hereditariedade a partir do modelo da transmissão de caracteres selecionados pelos técnicos dos seres vivos. Mesmo se as formas, as dimensões, as cores ou todas as outras propriedades anatômicas ou fisiológicas são indissociáveis no organismo, os criadores distinguem os caracteres que eles selecionam e dos quais observam a reprodução independente na descendência. Do mesmo modo, na natureza, a seleção natural deveria distinguir os caracteres reprodutíveis que se mostram vantajosos. A noção de determinante foi diretamente construída para satisfazer a essa demanda. Da mesma forma como, para os criadores, o conceito de um caractere permanece constante para muitas observações distintas, o gene, na natureza, permanece constante nos múltiplos indivíduos nos quais determina um mesmo caractere.

1.3. Rumo à teoria sintética da evolução

No início do século XX, os primeiros mendelianos se opuseram aos darwinianos (essencialmente os biométricos). Tendo descoberto as leis da transmissão de caracteres *discretos*, qualitativamente distintos (como os grãos de ervilha que ora são lisos ora enrugados, ora verdes ora amarelos), eles pensavam estar na pista de uma nova explicação da evolução. De Vries, por exemplo, acreditava ter observado a súbita aparição de caracteres novos, e portanto o nascimento de novas espécies por mutação brusca. Do mesmo modo, William Bateson, que traduziu para o inglês o artigo de Mendel, esperava encontrar em uma combinatória de determinantes hereditários uma nova lógica do desenvolvimento orgânico e uma explicação "saltacionista" da evolução.

Entretanto, no próprio momento em que os mestres se opunham, os discípulos já enxergavam os meios de pôr de acordo suas perspectivas. De fato, essas abordagens compartilhavam uma mesma concepção da relação entre caracteres hereditários e variações orgânicas. Elas excluíam, ambas, a transmissão de caracteres adquiridos. E a genética, assim como a biometria, desenvolvia seus modelos independentemente de qualquer conhecimento prévio de ordem fisiológica sobre a atividade celular ou o desenvolvimento.

A variação contínua detectada por estudos biométricos podia muito bem ser explicada como a soma de efeitos de uma multidão de genes mendelianos independentes, dos quais as diferentes variações tenderiam mais ou menos a aumentar essa variação total. Um simples cálculo probabilístico levava às repartições estatísticas observadas. Essa solução está na origem da "genética populacional", a qual foi desenvolvida por sir R. A. Fisher e J. S. Haldane na Grã-Bretanha, Sewall Wright nos EUA e Chetverikov na União Soviética. O darwinismo tinha muito a ganhar com essa aliança. A teoria mendeliana, de fato, fornecia uma nova solução para o problema da dissolução das variações quando da reprodução sexual: os genes encontram-se nos indivíduos, mas não se misturam e se transmitem sem modificação.

A explicação da evolução pela genética populacional exige que se distinga bem entre dois níveis. De um lado, o "*pool* genético" que é o conjunto dos genes com suas variantes (os "alelos") presentes na população. De outro lado, a população dos indivíduos na natureza (os fenótipos) que interagem com o meio e sofrem a seleção natural. Do ponto de vista da evolução, só conta o que é hereditário, ou seja, as mutações de genes que trazem novos alelos para o *pool* genético. O efeito da seleção natural deve, assim, ser visto como uma mudança progressiva dos diversos alelos presentes no *pool* genético da população. O valor de um alelo diante da seleção natural será medido por seu efeito em todas as suas diversas combinações possíveis com os outros genes. É isso que se chama seu valor seletivo (sua "*fitness*"). Se ela é positiva, significa que esse alelo determina fenótipos que, em média, facilitam a reprodução dos indivíduos em que está presente, e, portanto, sua difusão no *pool* genético. O valor seletivo de um alelo, portanto, deveria permitir calcular com que velocidade sua freqüência vai aumentar ou diminuir no curso das gerações. Nesse plano, Fisher pensava que poderia fornecer um "teorema fundamental da seleção natural" que indicaria a velocidade da evolução como uma taxa de crescimento da *fitness* em função da variabilidade presente. Mas as freqüências dos alelos podiam também variar de forma puramente aleatória. Na ocasião da reprodução sexual, há um sorteio ao acaso dos diferentes alelos que serão escolhidos em cada célula sexual. Se a população é suficientemente grande, esse acaso pode ser negligenciado, pois em média cada alelo será transmitido proporcionalmente à sua freqüência no *pool* genético. Mas se a população é pequena, certos alelos poderão ser eliminados simplesmente porque não tiveram oportunidade de ser sorteados no momento de formação das células sexuais. A isso se chama deriva genética.

Na década de 1940, a síntese da genética populacional com as observações de naturalistas de campo e paleontólogos gerou o sentimento de que a maioria dos problemas da evolução estavam resolvidos. Julian Huxley denominou esse encontro interdisciplinar geral em biologia a "teoria sintética da evolução". Ela forma hoje o arcabouço teórico geral da biologia contemporânea.

Mas, com o progresso atual de nossos conhecimentos sobre o DNA, novos problemas surgiram para a teoria da evolução. Em particular, descobriu-se um grande polimorfismo nas populações naturais: para a maior parte dos genes, diferentes alelos estão presentes na população. Procura-se então explicar como a seleção natural poderia atuar para manter essa variedade. Além disso, os progressos da biologia molecular exibem uma surpreendente plasticidade do genoma: genes fragmentados (íntrons e éxons), genes suscetíveis de se reproduzir e mudar de posição no DNA (transpósons), seqüências repetidas, duplicação de genes e multiplicidade de mecanismos de regulação (dos quais alguns, como a metilação do DNA ou a acetilação das histonas podem ser reproduzidos ao mesmo tempo que o DNA).

Paradoxàlmente, agora que se identificou um suporte material da hereditariedade, os fundamentos originais da genética parecem ter sido postos em questão. A recusa por Weismann de qualquer possibilidade de uma ação direta do ambiente sobre as variações foi ultrapassada. Na verdade, com a descoberta das enzimas de restrição (que permitem cortar o DNA em posições precisas), as técnicas da engenharia genética permitem hoje atuar diretamente sobre o DNA, cortando e colando as seqüências, em função dos caracteres que se deseja fazê-lo exprimir. Arriscamos dizer que esses novos recursos técnicos serão portadores de analogias originais para conceber novas teorias da evolução.

2. *Seleção natural e humanidade*

Para Darwin, a idéia da evolução pela seleção natural deveria servir essencialmente para compreender e explicar cada estrutura orgânica na multidão de formas viventes, o que implicaria um estudo preciso de seus modos de existência e de suas interações ecológicas. Mais do que descrever uma vasta história geral da evolução das espécies (que teria sido uma história essencialmente contingente), ele consagrou o resto de sua existência a estudos de caso e vastas monografias que, a cada vez, fizeram época. Citemos por exemplo, em 1871, sua grande síntese dos mecanismos de fecundação nas orquídeas[12], em que ele mostrou o valor adaptativo das flores, mesmo as mais complexas (pela co-evolução com os insetos que, transportando seu pólen, asseguram a fertilização). Em 1875, ele publicou seus trabalhos que buscavam mostrar a vantagem da fecundação cruzada das plantas.[13] O maior vigor dos híbridos em relação aos descendentes produzidos por autofecundação permitia dar conta das múltiplas adaptações nas flores que impedem essa autofecundação. Ao mesmo tempo, ele mostrou que a diferença entre espécies e variáveis não era absoluta, mas apenas função de graus na fertilidade. Assim, justificava-se a utilização dos trabalhos dos criadores e horticultores que, de fato, só sabiam produzir variedades que continuavam interfecundas. Darwin estudou também os movimentos das plantas.[14] Seu grande trabalho sobre as plantas trepadeiras mostrou a universalidade do movimento no mundo vegetal, permitindo explicar por uma origem comum a visível convergência dos mesmos modos de crescimento em plantas distantes do ponto de vista da classificação. Seu último grande trabalho, publicado em 1881, um ano antes de sua morte, foi uma vasta monografia sobre as

---

12. Darwin, *On the Various Contrivances by which British and Foreign Orchids are Fertilized by Insects, and on the Good Effects of Intercrossing*, Londres, 1862. Trad. francesa: *De la fécondation des orchidées par les insectes et du bon résultat des croisements*, Paris, 1871.

13. Darwin, *The Effects of Cross and Self Fertilization in the Vegetable Kingdom*, Londres, 1875. Trad. francesa: *Les effets de la fécondation croisée et de la fécondation directe dans le règne végétal*, Paris, 1877.

14. C. Darwin, com a assistência de seu filho Francis Darwin, *The Power of Movement in Plants*, Londres, 1880. Trad. francesa: *La faculté motrice dans les plantes*, Paris, 1882.

minhocas.[15] Nela, Darwin mostrou o importante papel desempenhado por esse humilde animal no sistema ecológico. Embora ultrapasse amplamente o campo estrito da biologia, a síntese de Darwin sobre a origem do homem deve ser situada no âmbito desses estudos de caso.

A generalização de uma origem natural das espécies para o caso do homem foi feita por diversos autores muito rapidamente após a publicação de *A origem das espécies*. Citemos, por exemplo, os trabalhos de Lyell[16], Huxley[17], Haeckel[18] ou Galton.[19] Darwin vinha meditando há um bom tempo sobre o assunto, mas, com sua prudência habitual, hesitava em manifestar-se publicamente. Essas publicações o tranqüilizaram mas, ao mesmo tempo, afastavam-se suficientemente das idéias que ele queria promover para tornar necessário um esclarecimento. Darwin publicou, então, *A descendência do homem* em 1871, completando-a em 1872 com um longo estudo sobre *A expressão das emoções no homem e nos animais*.[20]

---

15. Darwin, *The Formation of Vegetable Mould, Through the Action of Worms, With Observations on their Habits*, Londres, 1881. Trad. francesa: *Rôle des vers de terre dans la formation de la terre végetale*, Paris, 1882.
16. C. Lyell, *Geological Evidence of the Antiquity of Man*, Londres, John Murray, 1863. Trad. francesa: *L'ancienneté de l'homme*, Paris, Baillière, 1864.
17. T. Huxley, *Man's Place in Nature*, Londres, William & Norgate, 1863. Trad. francesa: *La place de l'homme dans la nature*, Paris, Baillière, 1868.
18. E. Haeckel, *Natürliche Schöpfungsgeschichte*, Berlim, Georg Reimer, 1868. Trad. francesa do dr. C. Letourneau, *Histoire de la création des êtres organisés d'après les lois naturelles*, Paris, Reinwald et Cie, 1874.
19. F. Galton, "Hereditary Talent and Character", publicado em duas partes, *MacMillan's Magazine*, vol. XII, junho e agosto de 1865, p. 157-66 e p. 318-27. Em seguida, *Hereditary Genius: An Inquiry into its Laws and Consequences*, Londres, MacMillan, 1869.
20. Darwin, *The Expression of Emotion in Man and Animals*, Londres, 1872. Trad. francesa: *L'expression des émotions chez l'homme et les animaux*, Paris, 1874. Trad. brasileira: *A expressão das emoções nos homens e nos animais*, São Paulo, Companhia das Letras, 2000.

O problema da origem do homem é o problema da origem das faculdades intelectuais e morais humanas. Mas, seguindo uma estratégia argumentativa recorrente em sua obra, Darwin se recusava a tratar da questão da origem primeira de uma coisa ou de uma propriedade. Ele sempre a transformava na questão da possibilidade de uma mudança quantitativa, contínua mas considerável, a partir de organismos suficientemente simples, nos quais se reconhecem os primeiros sinais dessa propriedade, até os organismos em que ela está plenamente desenvolvida. Assim, a questão da origem absoluta das faculdades cognitivas está tão fora da esfera de sua teoria quanto a da origem da vida. Desde seu ensaio de 1844 ele já escrevia:

> Os fatos e raciocínios apresentados neste capítulo não se aplicam nem à origem primeira dos sentidos, nem aos principais atributos mentais que são a memória, a atenção, o raciocínio, etc., que caracterizam a maior parte dos grandes grupos associados, ou mesmo todos; não se aplicam tampouco à origem primeira da vida, o crescimento ou a faculdade de reprodução.[21]

Vida e pensamento recuam juntos até uma mesma origem. Eles não pertencem ao campo de fenômenos explicáveis na evolução pela seleção natural, mas são antes suas condições de possibilidade (o que, de resto, não exclui que sejam assunto de uma outra modalidade de pesquisa científica). Para compreender o modo pelo qual Darwin dava conta dessa continuidade no desenvolvimento das faculdades intelectuais e morais, é preciso inicialmente dizer algumas palavras sobre o modo pelo qual ele explicava o estabelecimento e a complexidade dos instintos animais.

---

21. Darwin, *Ébauche de* L'Origine des espèces (Essai de 1844), p. 69.

2.1. Evolução dos instintos

Como sempre, Darwin procurou se fundamentar em inúmeras observações efetuadas sobre as espécies domésticas (cães, abelhas, galos de briga, coelhos, cavalos, etc.). Acreditava-se observar entre esses animais diferenças individuais e familiais quanto a todo tipo de faculdades: coragem, desconfiança, agitação, combatividade, afetividade, cuidado com a prole, gostos, prazeres, etc.[22] Para Darwin, não havia nenhuma dúvida de que essas observações significavam uma transmissão hereditária de "fenômenos mentais":

> Estes fatos devem conduzir à convicção, por surpreendente que seja, de que um número quase infinito de gradações nos caracteres, gostos, movimentos particulares e mesmo ações individuais pode ser modificado ou adquirido por um indivíduo e transmitido a sua descendência. É-se forçado a admitir que os fenômenos mentais (sem dúvida por sua íntima relação com o cérebro) são herdáveis, tanto quanto as delicadas e infinitamente numerosas diferenças da estrutura corporal.[23]

Mas Darwin enfrentava uma dificuldade considerável para definir o que era um instinto. Enquanto estrutura de comportamento, ele deveria ser muito estável, dado que hereditário, e, entretanto, variável, dado que suscetível de uma evolução. Um instinto se caracteriza em geral pela "ausência de conhecimento do fim para o qual o ato foi realizado...".[24]

---

22. Darwin, *Ébauche de* L'Origine des espèces (Essai de 844), p. 69.
23. Ibidem, p. 71.
24. Ibidem, p. 72.

a ignorância do objetivo como eminentemente característica dos verdadeiros instintos, e isso me parece aplicar-se a muitos hábitos hereditários adquiridos...[25]

Assim, contrariamente à razão, que dirige os comportamentos em função de objetivos conhecidos, o instinto pode tornar-se inadaptado quando a situação se modifica. Mas que significa essa locução "hábitos hereditários adquiridos"? Simplesmente uma perspectiva lamarckiana, eco das especulações de seu avô Erasmus?

Vamos repetir: o problema para Darwin não era saber se as variações são adquiridas ou não. Todas as variações são adquiridas, de maneira direta ou indireta. O que conta é saber se elas podem ser de imediato adaptativas ou se um processo seletivo é necessário para explicar sua adaptação. É preciso resistir ao anacronismo e nos atermos a um mundo anterior à separação substancial entre o adquirido e o inato, isto é, pensar em um contexto em que o comportamento se deve a estruturas orgânicas desenvolvidas que são, elas próprias, as causas de sua reprodução na descendência. Há, então, uma passagem contínua e de mão dupla entre comportamento instintivo e comportamento dirigido pelas circunstâncias. Um hábito, isto é, um comportamento regular, é determinado pela estrutura do organismo e pelas regularidades em seu ambiente. Quaisquer causas, estranhas ao comportamento, mas que afetem o organismo de forma hereditária, poderão produzir mudanças de hábitos. Mas, inversamente, as mudanças de hábitos produzidas pelas mudanças no meio ambiente podem dar lugar a modificações orgânicas das quais algumas serão transmitidas à descendência. A força da hereditariedade e a força das circunstâncias se conjugam e se substituem uma à outra. Nessa concepção

---

25. Ibidem, p. 73.

de uma inscrição progressiva de comportamentos nas estruturas orgânicas transmissíveis, os instintos não passam de tendências comportamentais, desejos de agir em certo sentido (e não seqüências de ações programadas e desencadeadas segundo estímulos específicos definidos). Eles "determinam tendências especiais em direção a certos atos definidos"[26], e podem ser contrariados pelas circunstâncias ou por outros instintos determinadores de tendências comportamentais opostas.

Essa concepção permitia a Darwin construir um caminho contínuo a partir de uma dinâmica dos instintos combinando-se e interagindo no organismo até a atividade racional de um sujeito pensante. Reciprocamente, ele admitia que, nos organismos superiores, os instintos poderiam ser modificados em conseqüência de comportamentos habituais que no início estariam associados a um "certo grau de julgamento" ou de razão. Nesse caso, a explicação da adaptação é lamarckiana. Mas Darwin recusava-se a lhe atribuir muita importância. Explicar os hábitos como resultados de uma meta intencional exigiria uma capacidade de raciocínio bastante sofisticada, cujo surgimento seria preciso inicialmente explicar. O verdadeiro problema era, antes, o estabelecimento gradual de estruturas de comportamento cuja complexidade iria além de qualquer ação voluntária imaginável da parte dos animais. Seria preciso em primeiro lugar explicar como esses hábitos teriam progressivamente se tornado mais complexos ao longo da história evolutiva, sendo que, em cada etapa, eles tiveram de se modificar ignorando as complicações futuras. Para isso, Darwin propunha cenários evolutivos mostrando a utilidade de comportamentos intermediários, exatamente como havia feito para explicar a origem de estruturas orgânicas complexas. Os instintos

---

26. Darwin, *Descendance...*, op. cit., p. 668.

complexos não são os produtos de uma atividade intencional tornada hereditária; ao contrário, são mudanças hereditárias quaisquer que, sob o efeito da seleção natural, chegaram a produzir os comportamentos adaptados. Isso é particularmente evidente para os insetos sociais como as abelhas ou as formigas. Os comportamentos complexos das obreiras não podem de modo algum resultar de hábitos adquiridos, pois elas não participam diretamente na reprodução.

No mesmo capítulo de *A origem das espécies*, Darwin acrescentou um argumento proveniente do domínio da seleção artificial dos criadores. Esse argumento ilustra bem a maneira pela qual Darwin procurava justificar o acaso das variações relativamente às condições de seleção. Trata-se da origem do comportamento muito particular dos cães que param e apontam a caça.

> Ninguém teria jamais pensado em treinar um cão a parar e apontar se um desses animais não tivesse mostrado naturalmente uma tendência a fazê-lo; [...] Quando a primeira tendência a parar e apontar se manifestou, a seleção metódica e os efeitos herdados do treinamento compulsório em cada geração sucessiva logo completaram o trabalho...[27]

No caso de um comportamento desse tipo, é evidente que ele teve inicialmente de se produzir antes de mostrar sua utilidade (facilitar a seu dono a captura da caça para comê-la). O acaso de uma tal variação relativamente às condições de sua seleção não se explica, como se faria hoje na linha de Weismann, por uma recusa da hereditariedade das características adquiridas. É suficiente notar, aqui, que a utilidade da variação não pode ser sua

---

27. Darwin, *L'Origine des espèces*, op. cit., p. 268.

causa, pois é a própria variação que define a nova situação seletiva. No caso da seleção artificial, a ignorância dos criadores não é tanto o desconhecimento das causas das variações quanto uma falta de antecipação do futuro de sua atividade seletiva, que será definida por algumas de suas variações. Na seleção natural, o que funda o acaso, isto é, a possível inadaptação da variação adquirida, é que ela define condições de existência que não vigoravam antes que ela se produzisse.

2.2. Faculdades humanas, mentais e morais

Em *A descendência do homem*, Darwin tinha em vista três objetivos. Primeiramente, demonstrar a possibilidade de uma continuidade evolutiva para as faculdades mentais e morais desde o animal até o homem. Em seguida, propor uma explicação pela seleção natural dessa particular evolução. Finalmente, dar conta da diversidade das raças humanas, que era a principal razão de uma longa elaboração sobre a seleção sexual (que ocupa três quartos do livro). Ele deu também um lugar importante à discussão dos fundamentos naturais da moral.

2.2.1. Continuidade

Trata-se de demonstrar que "não existe nenhuma diferença fundamental entre o homem e os mamíferos superiores do ponto de vista das faculdades intelectuais". Para isso bastava mostrar a existência de faculdades similares, desenvolvidas em graus diversos no reino animal, e que seriam suscetíveis de variações hereditárias. Não há novidade absoluta, não há ruptura, mas uma transformação progressiva de faculdades já presentes, e as faculdades complexas resultam da combinação e desenvolvimento de faculdades mais simples.

A partir de observações sobre os animais domésticos (essencialmente os cães), Darwin pensava poder convencer seus leitores da variabilidade de múltiplas faculdades comportamentais e emocionais bastante elevadas: prazer e dor, terror, coragem, timidez, ciúme, vergonha, desprezo... e também "emoções mais intelectuais" que constituem as bases do "desenvolvimento de aptidões mentais mais elevadas"[28]: espanto, curiosidade, faculdade de imitação (que pode servir à educação dos pequenos), atenção, memória...

A razão parece caracterizar o homem. Mas quem já não observou nos animais uma certa aptidão ao raciocínio? "Vemo-los continuamente deter-se, refletir e tomar uma decisão".[29] Além disso, no desenvolvimento da criança, essas faculdades se modificam por graus imperceptíveis.[30]

Também a imaginação – "faculdade que permite reagrupar, fora da vontade, imagens e idéias antigas, criando assim resultados brilhantes e novos"[31] – está bem presente no animal, como o prova, entre outras coisas, sua capacidade de sonhar.

A faculdade de aprimoramento progressivo é certamente uma propriedade do homem que, graças à linguagem, tem a possibilidade de transmitir a seus descendentes os conhecimentos que adquiriu. Mas sabe-se que o animal também aprende. Os hábitos se transmitem entre gerações, seja por imitação, seja por hereditariedade.

A abstração – faculdade de desenvolver concepções gerais que parece, também ela, uma especificidade do homem – está presente no animal. É verdade que "é impossível sabermos o que se passa na mente do animal",

---

28. Darwin, *Descendance...*, op. cit., p. 74.
29. Ibidem, p. 78.
30. Ibidem, p. 88.
31. Ibidem, p. 77.

mas, "quando um cão percebe outro cão a uma longa distância, sua atitude freqüentemente indica que ele concebe que é um cão".[32] Essa faculdade de categorização, que se exprime em regularidades de comportamento, é certamente da mesma natureza que nossa capacidade de conceber idéias gerais. Seria mera especulação "afirmar que o ato mental não tem exatamente a mesma natureza no animal e no homem".[33]

Darwin se estende nesse gênero de argumentações ao longo de toda série de faculdades geralmente reivindicadas como caracteres distintivos da humanidade: consciência de si, o sentimento do belo, a crença em Deus e na religião, a utilização de ferramentas, etc.

A linguagem, por exemplo, representa uma diferença essencial entre o homem e o animal... mas os símios possuem já seis gritos distintos, proferidos em função de sua excitação, e que provocam em seus congêneres emoções análogas. Do mesmo modo, os diversos latidos que o cão aprendeu após sua domesticação permitem-lhe exprimir seus sentimentos: impaciência, cólera, desespero, alegria, "e o ganido muito distinto e muito súplice pelo qual o cão pede que lhe abram a porta ou a janela".[34] Nessa ocasião, Darwin mostrou que o esquema de seleção podia encontrar aplicações fora do campo da biologia. E, de fato, no estudo das línguas, encontramos problemas de classificação e de filiação análogos aos da história natural das espécies: disposição em grupos subordinados, evolução e diversificação, extinção, existência de rudimentos, etc. Uma mesma linguagem não surge jamais em dois lugares diferentes, e línguas distintas podem se cruzar ou se fundir umas nas outras. Também aí há uma variação e, como a

---

32. Darwin, *Descendance...*, op. cit., p. 87.
33. Ibidem.
34. Ibidem, p. 89.

memória é limitada, uma seleção, uma "luta pela existência entre as palavras e as formas gramaticais".[35] Vencem as formas mais perfeitas, as mais curtas, ou as mais fáceis, ou, ainda, aquelas que convêm a simples efeitos de novidade e da moda.

2.2.2. A questão das raças humanas

Como todos seus contemporâneos, Darwin aceitava a noção de raças e uma ordem de valores associada. Como um bom inglês vitoriano, estava profundamente persuadido da superioridade de sua raça e de seu sexo. Entretanto, ele não era de modo algum um racista militante. Opôs-se à escravidão e recusou afiançar a opressão dos povos indígenas. Recusou também a idéia de uma separação da humanidade atual em diferentes espécies. Todos os homens têm uma origem comum.

Do mesmo modo, porém, que as variedades dos criadores, as raças humanas permitiam a Darwin argumentar em favor da evolução de nossa espécie. Assim, os "selvagens" desempenham o papel de primitivos, testemunhas presentes dos antigos estágios da humanidade, já incomparavelmente afastados dos animais. Como acreditava ter compreendido em sua viagem, o desaparecimento de populações indígenas diante dos colonos era para ele um fenômeno natural lamentável, mas essencialmente involuntário. Parecia-lhe claro que havia uma escala de civilização na qual seus leitores ingleses ocupavam o grau mais alto. Mas ele não hesitava em reconhecer o poder da educação:

> Os fueguinos são classificados entre os bárbaros mais grosseiros, no entanto sempre me surpreendia a bordo

---

35. Ibidem, p. 96.

do *Beagle* ao ver quanto três naturais dessa raça, que tinham vivido alguns anos na Inglaterra e falavam um pouco da língua deste país, assemelhavam-se a nós do ponto de vista do caráter e da maior parte das faculdades intelectuais.[36]

Deve-se notar que a perspectiva evolucionista darwiniana se opunha fundamentalmente a toda forma de racismo essencialista. A idéia de raça no sentido forte pressupõe que haja um todo coordenado, uma correlação essencial entre os diferentes caracteres que a compõem. É isso que permitiria deduzir as propriedades uma das outras e, ao mesmo tempo, poderia conduzir ao fantasma de uma provável degenerescência por mistura de "raças puras". Ao contrário, tão logo se admita um transformismo que procede por difusão e acumulação de caracteres distintos, não há mais essência de uma raça do que essência de uma espécie. Essa crítica biológica do racismo foi, aliás, singularmente reforçada pelas descobertas da genética que mostraram a recombinação e a transmissão independente dos diferentes caracteres hereditários. Desse ponto de vista, nada autoriza a pretensão de deduzir a presença de tal ou tal caracter a partir da observação de tal ou tal traço visível. Só se pode reconhecer fracas correlações estatísticas populacionais e geográficas que não têm nenhuma estabilidade essencial.

Darwin observou que a maior parte dos caracteres distintivos entre as raças não podiam ser entendidos em termos de vantagens seletivas, "nenhuma das diferenças externas que distinguem as raças humanas traz ao homem qualquer serviço direto ou especial".[37] A explicação de sua diversidade necessitava, portanto, de um novo

---

36. Darwin, *Descendance...*, op. cit., p. 67.
37. Ibidem, p. 218.

mecanismo, que será a *seleção sexual*. Ora, esse mecanismo diferenciador devia ter atuado em praticamente todas as espécies animais. Ele proporcionava uma boa explicação de caracteres manifestamente inúteis que escapavam à seleção natural. Para reparar essa omissão, Darwin consagrou a maior parte de *A descendência do homem* a descrever o funcionamento e as conseqüências da seleção sexual no mundo animal em geral.

Lá se vê funcionar, mais uma vez, a analogia entre prática cultural e mecanismo natural. A atividade de seleção é a atividade de escolha do conjunto na reprodução sexual. No mundo animal, ela corresponde à luta dos machos para ter acesso às fêmeas, ou, ainda, à escolha ativa dos machos pelas fêmeas. Ocorre, assim, uma naturalização dos gostos e desejos. Por exemplo, Darwin escreveu a respeito dos pássaros:

> Como dissemos, só podemos julgar que há escolha por analogia com o que sentimos nós mesmos; ora, as faculdades mentais dos pássaros não diferem fundamentalmente das nossas. Essas diversas considerações permitem-nos concluir que o acasalamento dos pássaros não é deixado ao puro acaso...[38]

O princípio de seleção é universal. Do mesmo modo que o homem desenvolveu variedades seguindo uma seleção puramente estética, os pássaros desenvolveram suas plumagens coloridas e seus cantos complexos.

> Se o homem teve sucesso em dar em pouco tempo a elegância do porte e a beleza da plumagem a nossos galos Bantam, segundo o tipo ideal que concebemos para essa espécie, não vejo por que as fêmeas dos pássaros

---

38. Darwin, *Descendance...*, op. cit., v. 2, p. 462.

não poderiam obter um resultado semelhante pela escolha, durante milhares de gerações, dos machos que lhes pareciam mais belos ou cuja voz era a mais melodiosa.³⁹

2.2.3. Explicação da origem da espécie humana

Para Darwin não há, na expansão das espécies, nenhuma linha de progresso da qual o homem pudesse ser a culminação, mas uma emaranhada diferenciação na qual cada espécie inventa um modo próprio de adaptação. No caso do ramo particular de nossa espécie, seria preciso, portanto, propor razões factuais para sua separação e seu peculiar desenvolvimento. Wallace, que via aí um real problema, terminara por desistir de uma explicação natural da origem da mente e voltou-se para o espiritismo, para grande desespero de Darwin. Pode-se, de fato, imaginar que, em um dado momento da história da vida, condições ambientais particulares tenham favorecido um especial aumento da inteligência. Mas que mudança do meio ambiente poderia produzir um desenvolvimento tão espetacular e tão longamente continuado das faculdades cognitivas? Esse problema, para Wallace, decorria de sua concepção de evolução, que privilegiava uma seleção estritamente dependente das mudanças do meio físico. Darwin, por sua vez, não sentia essa dificuldade, na medida em que reconhecia por toda parte na evolução o poder criador da variação. É a própria espécie que em sua história evolutiva define em cada etapa os problemas adaptativos que deve resolver. Explicar a evolução humana devia, portanto, reduzir-se a descrever o encadeamento particular de problemas que teria conduzido sua história.

Darwin propôs caracterizar a primeira separação do ramo humano, em referência a um ancestral compartilhado

---

39. Darwin, *L'Origine des espèces*, op. cit., p. 96.

com os grandes símios, não por uma tendência excepcional ao desenvolvimento da inteligência, mas começando pela postura vertical. Como toda paleontologia iria confirmar depois dele, foi exatamente pelos pés que o homem começou. A postura ereta devia acarretar um alargamento da bacia, uma mudança na curvatura da espinha dorsal e uma nova fixação da cabeça.

> À medida que os ancestrais do homem se aprumavam, à medida que suas mãos e seus braços se modificavam tendo em vista a preensão e outros usos, enquanto seus pés e suas pernas se modificavam ao mesmo tempo para o apoio e a locomoção, uma multidão de outras modificações de conformação se fizeram necessárias.[40]

A especialização do pé para caminhar deveria acarretar a perda de sua capacidade preênsil.[41] Ao mesmo tempo, a liberação dos braços e das mãos determinava novo problemas adaptativos, em particular o do uso de pedras e clavas.

> O livre uso dos braços e das mãos, em parte a causa, em parte o resultado da postura vertical do homem, parece ter determinado indiretamente outras modificações de estrutura.[42]

A causalidade é circular. O uso da mão é "em parte a causa, em parte o resultado", da conformação corporal

---

40. Darwin, *Descendance...*, p. 53.
41. Na continuação, Darwin retoma considerações racistas sobre os selvagens como representantes de estágios primitivos da humanidade: "Entre alguns selvagens, no entanto, o pé não perdeu inteiramente seu poder preênsil, como o prova sua maneira de trepar nas árvores e de servir-se dele de diversas formas." Ibidem, p. 52.
42. Ibidem, p. 53.

humana. Essa utilização "determinou indiretamente" a evolução seguinte, por exemplo o encurtamento dos caninos e a redução do maxilar. É segundo essa lógica que se puderam desenvolver ao mesmo tempo a inteligência e o volume do crânio.

Censura-se freqüentemente Darwin, e com alguma razão, por ter deixado espaço para uma forma de orientação evolutiva no caso da evolução humana. Se uma direção evolutiva, entretanto, se deixa destacar, é somente na medida em que, a cada etapa, a espécie define a situação evolutiva a que estarão submetidas as gerações seguintes. Não há aí uma causa final que dirija as variações em um sentido geral determinado. Veremos que Darwin fazia inquestionavelmente uso da hereditariedade dos hábitos adquiridos na evolução humana. Mas não se deve entender por isso que a evolução resultaria de um poder da mente ou da vontade que a precederia. O que Darwin buscava antes mostrar era como as condições ambientais, produzidas a cada instante pela evolução precedente, são portadoras da evolução seguinte, e, finalmente, como esse processo pôde dar origem à linguagem e a uma história que escapa em grande parte à mudança biológica.

> As faculdades intelectuais superiores do homem permitiram-lhe desenvolver a linguagem articulada, que se tornou o principal agente de seu notável progresso.[43]

Por causa disso Darwin atribuía muita importância às condições apropriadas a uma vida em sociedade. Nossos

---

43. "O homem inventou armas, ferramentas, armadilhas, etc. [...] Construiu jangadas e embarcações [...] Descobriu a arte de fazer fogo [...] Essas diversas invenções, que tornaram o homem tão preponderante quando estava no estado mais grosseiro, são o resultado direto do desenvolvimento de suas faculdades, isto é, a observação, a memória, a curiosidade, a imaginação e a razão." *Descendance...*, op. cit., p. 48.

ancestrais "símio-humanos" eram provavelmente sociais, e a maior parte de nossas faculdades mentais e morais

> foram principalmente ou, mesmo exclusivamente, adquiridas para a vantagem da comunidade, e os indivíduos que a compõem tiram dela ao mesmo tempo uma vantagem indireta.[44]

Mas se a organização em sociedade é necessária, ela não é suficiente para explicar um desenvolvimento mental elevado, pois numerosos animais a adotaram sem por isso desenvolver as mesmas faculdades. É somente para um ser que vive de pé, tendo as mãos livres e empregando ferramentas, que a seleção agiu nesse contexto em favor das faculdades de raciocínio e dos poderes de imitação ou de aprendizagem.

Há, na hominização darwiniana, uma imbricação profunda entre as memórias biológicas e culturais, pois, como vimos, admite-se a transmissão hereditária dos hábitos adquiridos. O desenvolvimento biológico das faculdades de aprendizagem torna possível uma transformação cultural, e esta tem conseqüências biológicas.

> A prática habitual de cada nova arte deve também, numa certa medida, fortificar a inteligência.[45]

Numa tal perspectiva, o desenvolvimento da civilização é indistintamente cultural e biológico.

---

44. Ibidem, p. 64.
45. Ibidem, p. 139.

2.2.4. Uma moral natural

O que mais interessava Darwin no desenvolvimento evolutivo de uma vida social era sua relação com o estabelecimento de regras morais. Com efeito, o homem deve sua "imensa superioridade a suas faculdades intelectuais", mas também, e sobretudo, "a seus hábitos sociais, que o conduzem a ajudar e defender seus semelhantes...".[46] A simpatia é o único instinto importante que ele conservou. O homem se caracteriza pelo "desejo geral de ajudar seus semelhantes, mas tem pouco ou nada de instintos específicos".[47]

Darwin procurava, assim, restaurar a ordem social que sua teoria tendia a destruir. Se o sentido moral e o dever não podem mais encontrar um fundamento em uma criação espiritual, é preciso dar-lhes uma explicação natural, biológica. Mas a estratégia de Darwin era completamente oposta à de progressionistas como Spencer. Para eles, a evolução seria portadora de um progresso moral pelo valor intrínseco da luta pela existência. Darwin, ao contrário, na medida em que não era progressionista, devia dar conta da gênese evolutiva de instintos morais no caso particular do homem. Se não lhes são atribuídos de imediato valores morais transcendentes ou imanentes, é preciso dar-lhes uma origem natural, mesmo se, paradoxalmente, possam conduzir a comportamentos contra-seletivos. Não há, em Darwin, nenhuma oposição entre natureza e cultura. Esta procede daquela por um processo contínuo. Se a civilização moderna desenvolveu medidas sociais que impedem uma luta demasiado violenta entre indivíduos, isso só pode ter resultado de instintos específicos cuja origem deve ser, ela própria, natural.

---

46. Darwin, *Descendance...*, op. cit., p. 48.
47. Ibidem, p. 669.

A vida em sociedade instaura uma nova dinâmica seletiva. Antes de mais nada, ela própria deveria resultar de um instinto gregário, isto é, de um gosto pela vida em comum. Não é pelo fato de os animais serem sociais eles que experimentam dor quando separados ou alegria quando se reencontram,

> mas é mais provável que essas sensações se tenham desenvolvido primeiro, para levar os animais que podiam tirar um partido vantajoso da vida em sociedade a se associar uns aos outros; do mesmo modo que a sensação de fome e o prazer de comer devem ter sido adquiridos em primeiro lugar, para induzir os animais a se alimentarem.[48]

Tão logo os sentimentos sociais levaram aos primeiros agrupamentos, eles se mostraram vantajosos, e a seleção agiu para reforçá-los.

> Qualquer que seja a complexidade de causas que engendraram esse sentimento, como ele é de uma utilidade absoluta a todos os animais que se ajudam e se defendem mutuamente, a seleção natural deve tê-lo desenvolvido muito; de fato, as associações contendo o maior número de membros que experimentam essa simpatia devem ter tido mais sucesso e produzido um número maior de descendentes.[49]

Há aí um problema teórico para a seleção natural. Arriscar sua vida ou sacrificar-se em prol da sobrevivência de seus semelhantes não pode ser uma vantagem individual. Uma aplicação simples do princípio de seleção

---

48. Ibidem, p. 112.
49. Ibidem, p. 114.

eliminaria esses instintos. As variações individuais que produzissem comportamentos mais egoístas deveriam se reproduzir mais facilmente, e em pouco tempo a sociedade se desintegraria. Darwin inaugurou assim a problemática do altruísmo, que esteve na origem de muitas controvérsias e que é hoje a base das especulações e pesquisas em sociobiologia.

Para Darwin, em uma tradição individualista que se manteve até nossos dias, a sociedade só se manteria coesa graças a instintos de simpatia de início contrários aos interesses do indivíduo. É apenas num segundo momento que este pode esperar beneficiar-se da organização social assim constituída. O altruísmo, portanto, só pode ter se desenvolvido porque representava uma vantagem coletiva, objeto de uma seleção especial. Esse instinto teria se reproduzido na população porque dava uma vantagem ao grupo sobre os outros, e favoreceria, em média, a reprodução de seus membros. O altruísmo seria uma vantagem para o grupo enquanto tal, que, por sua coesão interna, deveria prosperar mais do que os grupos em que os instintos sociais estivessem menos desenvolvidos. A competição não seria mais entre indivíduos, mas entre populações distintas. É a seleção de grupo.

A partir da década de 1960, esse mecanismo sofreu uma severa crítica: uma competição entre populações exigiria condições muito particulares impedindo a migração de indivíduos entre grupos; ela não poderia ser forte o suficiente para contrabalançar os efeitos da seleção individual; e, de toda maneira, na perspectiva da genética populacional, os genes são as unidades de seleção fundamentais, pois são as únicas entidades que propriamente se reproduzem.[50] Não é aqui o lugar para apresentar os

---

50. G. C. Williams, *Adaptation and Natural Selection*, Princeton University Press, 1966.

debates sobre as unidades de seleção e sua equivalência ou não com as unidades de reprodução (nucleotídeo, genes, genótipo) que agitam hoje a comunidade dos evolucionistas.[51] Mas deve-se notar que é sobre a base de uma crítica da seleção de grupo que se desenvolveu a sociobiologia, que busca explicar o estabelecimento de caracteres altruístas por uma seleção de parentela: esses caracteres são selecionados positivamente à medida que são determinados por genes que estão presentes tanto nos indivíduos que se sacrificam como nos que se beneficiam desse sacrifício.[52] Os genes que determinam um comportamento altruísta para com indivíduos aparentados se reproduzirão melhor, em média, que outras variantes que determinariam um comportamento mais egoísta. Esse empreendimento de redução biológica dos fundamentos da vida social humana deu lugar a todo tipo de reação da parte das ciências sociais e de correntes filosóficas e políticas que, todas elas, colocam em evidência a distância entre esses raciocínios mecanicistas e a realidade das emoções propriamente humanas.

Registre-se aqui que teria sido muito difícil para Darwin conceber a lógica dos argumentos sociobiológicos, pois para ele não havia diferença entre o organismo e um suporte de hereditariedade. Os instintos sociais são somente gostos que "impelem o animal a encontrar prazer em sociedade".[53] Eles são hereditários porque carregados pela organização material do indivíduo que realiza sua reprodução. Se instintos mais egoístas tentarem se estabelecer, deverão interagir diretamente no organismo

---

51. Ver E. Sober, *The Nature of Selection: Evolutionary Theory in Philosophical Focus*, Cambridge, MIT Press, 1984.
52. Ver E. O. Wilson, *Sociobiology: the New Synthesis*, Cambridge, Mass., Harvard University Press, 1975, e R. Dawkins, *The Selfish Gene*, op. cit.
53. Darwin, *Descendance...*, op. cit., p. 104.

com as tendências altruístas. Nessa lógica, o egoísmo não pode ser o simples oposto do altruísmo (a recusa de pertencer ao grupo seria diretamente negativa para o indivíduo), mas sim um comportamento complexo, consistindo em beneficiar-se das vantagens do grupo sem por isso abandonar outros instintos cujo benefício é imediatamente individual. O egoísta é aquele que não segue seu "impulso instintivo" para ajudar outro no momento em que este tivesse necessidade. Darwin desenvolveu assim, para o mundo animal, toda uma discussão do combate interior, do remorso ou da satisfação, quando do duelo entre os instintos que servem mais ao grupo e os que são mais úteis ao indivíduo. Em todos os casos, haveria "algum sentimento do bem e do mal". Cada indivíduo "teria a consciência íntima de que possui certos instintos mais fortes e mais persistentes, e outros que o são menos...".[54] E se ele se abandonar mais a um instinto que a outro, deverá enfrentar "o sentimento de pesar que o instinto não satisfeito deixa sempre atrás de si".[55]

Há uma continuidade com as funções cognitivas superiores. Os instintos se influenciam mutuamente e se combatem tanto na evolução como no indivíduo. Os hábitos finalmente adotados tendem a se tornar mais fortemente hereditários. Por esse efeito lamarckiano, "a prática habitual dos atos benevolentes" fortifica o sentimento de simpatia do qual ela provém. O que tinha por origem uma evolução estritamente biológica encontra uma continuação direta e sem ruptura no que é o fruto de uma reflexão consciente. Tão logo a linguagem o permite,

> os membros de uma mesma associação podem claramente exprimir seus desejos, a opinião comum sobre o

---

54. Darwin, *Descendance...*, op. cit., p. 106.
55. Ibidem, p. 111.

modo pelo qual cada membro deve contribuir para o bem público tornando-se naturalmente o principal guia da ação.[56]

A abordagem biológica de Darwin dos comportamentos sociais não é propriamente uma redução porque, mediante a transmissão de caracteres adquiridos, ocorre uma circulação, nos dois sentidos, entre inscrições biológicas e hábitos culturais, entre gostos instintivos e desejos fundados na razão. E isso só é possível porque o instinto não está referido a uma substância especial portadora da hereditariedade.

Opondo-se de antemão às ideologias intervencionistas eugenistas ou racistas que iriam prosperar no século XIX, Darwin observou que esse desenvolvimento natural da simpatia devia se estender à humanidade inteira:

> À medida que o homem avança em civilização e que as pequenas tribos se reúnem em comunidades mais numerosas, a mais simples razão diz a cada indivíduo que ele deve estender seus instintos sociais e sua simpatia a todos os membros da mesma nação, ainda que não os conheça pessoalmente. Uma vez atingido esse ponto, há apenas uma barreira artificial para impedir suas simpatias de se estenderem a homens de todas as nações e raças.[57]

Em conseqüência, os instintos sociais e a simpatia se opõem a uma seleção natural por luta direta entre indivíduos, e mesmo entre grupos.[58] Como veremos, os biólogos

---

56. Ibidem p. 105.
57. Ibidem, p. 132.
58. É o que Patrick Tort denominou o "efeito reversivo" da seleção natural. Ver *La Pensée hiérarchique et l'évolution*, Paris, Aubier Montaigne, 1983 (col. Résonances).

eugenistas, que tinham o projeto de intervir sobre a natureza humana, deviam paradoxalmente defender uma oposição entre biologia e cultura, porque se tratava precisamente de combater os erros culturais que perturbavam o curso natural da evolução.

Darwin acreditava poder refundar uma ética equivalente à moral cristã:

> Tentei provar que os instintos sociais – base fundamental da moral humana –, aos quais vêm se juntar as faculdades intelectuais ativas e os efeitos do hábito, conduzem naturalmente à regra "Faze aos homens o que gostarias que eles te fizessem"; princípio sobre o qual repousa toda moral.[59]

Darwin não hesitava em citar Kant sobre o caráter imperativo do dever. Mas uma tal tentativa de dar uma fundação natural à ética está certamente fadada ao fracasso. Saber que um instinto altruísta se estabeleceria na evolução não traz consigo nenhuma obrigação de segui-lo ou de opor-se a ele. Se essa obrigação for naturalizada como uma tendência a agir em determinada direção, pode-se até mesmo dizer que o conhecimento de seu fundamento biológico permitirá mais facilmente libertar-se dela. Na perspectiva darwiniana, a evolução é essencialmente contingente. Uma outra espécie social que estivesse dotada de diferentes características hereditárias teria desenvolvido um sentido moral diferente.

> Se, por exemplo, para tomar um caso extremo, os homens se reproduzissem em condições idênticas às das abelhas, não se duvidaria de que nossas mulheres não

---

59. Darwin, *Descendance...*, op. cit., p. 136.

casadas, do mesmo modo que as abelhas-operárias, considerariam como um dever sagrado matar seus irmãos, e que as mães procurariam destruir suas filhas fecundas, sem que ninguém pensasse em intervir.[60]

Não há na evolução um sentido que designe um objetivo transcendente. Há apenas uma imensa acumulação de *fatos* determinados e selecionados, mas que se seguem *sem razão*. Não se vê como se poderia, aqui como em outros lugares, passar do fato ao direito, do que é ao que deve ser.

2.3. Eugenismo

Eugenismo significa "boa raça", e corresponde à tentativa de aplicar tecnicamente ao homem a teoria da seleção natural. Francis Galton, primo mais jovem de Darwin, desenvolveu essa ideologia a partir de 1865 e lhe deu esse nome[61] em 1883. A leitura de *A origem das espécies* tinha sido para ele a ocasião de uma verdadeira crise mística. A inversão do famoso "*argument from design*" deixava um vazio que a teoria da seleção natural deveria preencher provendo as bases de uma nova forma de religião. Se as mais altas qualidades humanas eram o produto de um processo evolutivo biológico, este deveria poder continuar em direção a qualidades ainda mais altas e suscitar um novo entusiasmo popular. Essa ideologia teve conseqüências ao mesmo tempo políticas e científicas.

---

60. Ibidem, p. 105.
61. F. Galton, "Hereditary Talent and Character", publicado em duas partes, *MacMillan's Magazine*, vol. XII, junho e agosto de 1865, p. 157-66 e 318-27. *Inquiries into Human Faculty and its Development*, Londres, MacMillan, 1883; 4ª ed., Eugenics' Society, 1951.

De início, Galton não alcançou praticamente nenhum sucesso. O otimismo progressionista era ainda muito grande, e a maior parte dos biólogos evolucionistas acreditavam, como o próprio Darwin, que a evolução humana devia naturalmente continuar em uma boa direção. É somente no final do século, com o novo temor de uma possível degenerescência das "raças civilizadas", que o eugenismo começou a se desenvolver. A sociedade vitoriana seria o lugar de uma grave perturbação do curso natural da evolução: as pessoas mais capazes praticamente não tinham mais filhos, ao passo que nos bairros populares os pobres e os ébrios se reproduziam maciçamente. Os progressos alcançados pela medicina e as medidas sociais impediam a ação dolorosa, mas benéfica, da seleção natural. Ainda que tenha sido muito reservado sobre as análises eugenistas, Darwin reservou-lhes algumas passagens em sua *A descendência do homem* e citou as observações de um representante dessa inquietude da degenerescência da raça inglesa:

> Disso resulta que os membros negligentes, decaídos e muitas vezes depravados da sociedade tendem a crescer em uma proporção mais rápida que os mais prudentes e ordinariamente mais sábios. Eis o que diz sobre isso M. Greg: "O irlandês, sujo, sem ambição, descuidado, se multiplica como o coelho; o escocês, frugal, previdente, pleno de auto-estima, ambicioso, rigidamente moralista, espiritualista, sagaz e muito inteligente passa seus mais belos anos na labuta e no celibato, casa-se tarde e deixa poucos descendentes."[62]

Teria ocorrido, assim, uma perturbação cultural do curso da evolução. Agora que se havia estabelecido uma

---

62. Darwin, *Descendance...*, op. cit., p. 150.

ciência da evolução, redescobria-se a seleção artificial que lhe havia servido de inspiração. A seleção natural deveria ser substituída por uma seleção artificial dirigida pela "clarividência" dos sábios. O programa de pesquisa científica era duplo: de um lado, era preciso mostrar que as faculdades intelectuais humanas são caracteres hereditários e que estão submetidas à seleção natural; de outro, era preciso determinar a orientação da evolução humana.

O programa de ação eugenista por seleção humana exigia separar claramente "Nature" e "Nurture", isto é, de um lado, a hereditariedade, aquilo que em nossas qualidades é inato e invariável, de outro, a nutrição material ou intelectual correspondente às aquisições modificáveis durante a vida individual. Se esses âmbitos fossem confundidos e se admitisse uma transmissão hereditária de caracteres adquiridos, a ação dos biólogos sobre a sociedade poderia ser antes do tipo higienista (por uma ação sobre o ambiente, não sobre a reprodução).[63]

Para fundar um programa eugenista seria preciso também definir cientificamente os critérios de seleção a serem atendidos. Aí está todo o paradoxo eugenista: seria preciso tornar a natureza mais natural, empregando para isso meios artificiais! De resto, esse também é o problema da medicina. Mas como reconhecer o normal e o patológico em termos de evolução? Não se poderia aceitar simplesmente definir os caracteres vantajosos por sua maior eficácia reprodutiva, pois isso equivaleria a dizer que a população que prolifera nos bairros marginais de Londres era mais evoluída que os sábios da Royal Society

---

63. Os médicos franceses que permaneceram neolamarckianos até a última guerra mundial propuseram, assim, programas nos quais se mesclavam eugenismo e higienismo. Ver J. Léonard, "Eugénisme et darwinisme. Espoirs et perplexités chez les médecins français du XIXe siècle et du début du XXe siècle", in: *De Darwin au darwinisme. Science et idéologie*, Paris, Vrin, 1983, p. 187-208.

que se compraziam estudando Galton. Era preciso encontrar uma direção normal da evolução e distingui-la claramente dos efeitos perturbadores das medidas sociais. O emprego central do acaso na explicação darwiniana era, pois, inaceitável, se levasse à negação da idéia de um progresso determinado na evolução. Os eugenistas, e Galton em primeiro lugar, procuraram portanto minimizar o papel da aleatoriedade reduzindo-a pela estabilidade das médias estatísticas. Pressupunham, em particular, que todas as variações naturais contínuas (como o peso, a estatura, mas também a "inteligência" ou diversas qualidades morais) deviam se repartir harmoniosamente segundo a famosa curva em forma de sino (lei de Laplace-Gauss). Se fosse admitido que essas variações são suficientemente transmissíveis, poder-se-ia imaginar que uma restrição seletiva constante determinaria uma evolução contínua da média da espécie. Múltiplos desenvolvimentos da teoria das probabilidades em biologia levarão então, com os trabalhos de Karl Pearson, ao desenvolvimento da escola biométrica.

Não podemos citar aqui todas as tentativas que foram (e ainda são) feitas para dar uma direção determinada à história evolutiva; nenhuma dessas pesquisas, na medida em que permaneciam em um referencial darwiniano, pôde ter sucesso. Mas a incapacidade de determinar cientificamente os critérios de sua ação não impediu o desenvolvimento das práticas eugenistas a partir do início do século XX. Encontram-se nos discursos ou nas práticas todos os preconceitos sociais e racistas da época, acompanhados de argumentos que entram muitas vezes em ressonância com o que se pode por vezes ouvir atualmente. Já havia essa pretensão de *predizer* o que será a vida do indivíduo, de decidir o que é *uma vida que vale a pena ser vivida*, e de calcular *seu custo social*. Tomemos de empréstimo alguns exemplos do excelente estudo de Jacques Roger sobre o eugenismo.⁶⁴ Na Alemanha, já em 1868, E. Haeckel escrevia:

> Se alguém ousasse propor, a exemplo dos espartanos ou dos peles-vermelhas, matar imediatamente logo ao nascer as infelizes crianças doentes para as quais se pode, com toda certeza, prever uma vida de enfermidades, ao invés de mantê-las vivas para uma existência que será um fardo para elas mesmas e para a raça, nossa assim chamada "civilização humana" lançaria um grito de indignação.⁶⁵

Encontram-se argumentos semelhantes em toda parte no Ocidente, por exemplo nos Estados Unidos. Charles Davenport escrevia em 1911:

> É uma censura feita a nossa inteligência constatar que nosso povo, tão orgulhoso em outros pontos de seu domínio sobre a natureza, deva cuidar de meio milhão de doentes mentais, de retardados, de epilépticos, de cegos e surdos, 80 mil prisioneiros e 100 mil indigentes por uma soma total de mais de cem milhões de dólares por ano.⁶⁶

É também uma preocupação eugenista que se encontra nos primeiros tempos do nazismo. A partir de 1933 Hitler promulga muitas leis, uma das quais denominada "Lei para a prevenção de crianças portadoras de doença hereditária". No órgão oficial dos SS encontra-se, após a proposta de

---

64. J. Roger, "L'eugénisme, 1850-1950", in: *Pour une histoire des sciences à part entière*, Paris, Albin Michel, 1995, p. 406-31.
65. E. Haeckel, *Natürliche Schöpfungsgeschichte*, 1868, op. cit.
66. C. Davenport, *Heredity in Relation to Eugenics*, 1911, citado por J. Roger, "L'eugénisme 1850-1950", in: *L'Ordre des caractères*, Paris, Vrin, 1989, p. 133.

matar todas as crianças malformadas e os doentes mentais, a seguinte observação:

> É a única humanidade que se pode aplicar a casos semelhantes, e ela é cem vezes mais nobre, mais apropriada e mais humana que essa lassidão que se dissimula por trás da inadvertência humanitária, esmaga a pobre criatura sob o peso de sua existência e sobrecarrega a família e a sociedade com o fardo de sua manutenção.[67]

Praticamente todos os biólogos foram eugenistas até a Segunda Guerra Mundial. Mas essa concepção geral de um papel social possível para o biólogo podia tomar todas as formas, desde o simples aconselhamento matrimonial até as piores coerções. Ela foi, de resto, adotada por médicos e biólogos de todas as ideologias. Por exemplo, J. B. S. Haldane era comunista, Karl Pearson militava pelo socialismo e R. A. Fisher era de direita muito conservadora. São principalmente os delírios científicos e as violências inauditas do nazismo que iriam produzir uma tomada de consciência do perigo de todo empreendimento com pretensões de transformar biologicamente o homem.

É preciso notar, entretanto, que, no plano teórico, o eugenismo se opunha ao racismo essencialista do nacional-socialismo. De fato, como foi observado anteriormente, não há, para o darwinismo, essência ou pureza das raças. Há apenas populações que podem ser decompostas em caracteres independentes e variáveis. Nada proíbe a mistura entre populações. Mas também é verdade que, do ponto de vista prático, os médicos eugenistas alemães não

---

67. *Der Schwarze Korps*, 8 de março de 1937, citado por Roger, op. cit., p. 140.

quiseram perder seu poder e colaboraram ativamente com o programa de seleção nazista.[68]

As práticas eugenistas continuaram mais discretamente após a guerra (principalmente programas de esterilização nos países nórdicos e nos Estados Unidos); depois foram progressivamente abandonadas. No entanto, a questão de uma ação sobre o componente hereditário da humanidade assumiu em nossos dias uma nova figura com as descobertas da genética e da biologia molecular. Contrariamente às antigas práticas eugenistas, a ação técnica sobre a espécie humana, nos dias de hoje, pode se realizar diretamente sobre células *in vitro*, na tranqüilidade dos laboratórios, sem as dificuldades práticas associadas à coerção e à violência. Ao mesmo tempo, perde-se a visibilidade social e o caráter regulador que podiam ter, em certa medida, a dor e os atentados às pessoas.

O principal problema ético colocado pela biologia contemporânea é, assim, o de descobrir uma referência para controlar ou orientar esse novo poder do homem sobre sua espécie.

---

68. P. Weindling, "Les biologistes de l'Allemagne nazie: idéologues ou technocrates?", in: *Histoire de la génétique. Pratiques, techniques et théories*, A. R. P. E. M. & Éditions Sciences en Situation, 1990, p. 127-52; B. Massin, in: *La science sous le IIIe Reich*, J. Olff-Nathan (Org.), Paris, Seuil, 1993.

5
Ética e epistemologia

1. Paradoxo ético da biologia darwiniana

Os debates éticos e políticos que agitam a sociedade atual a propósito das biotecnologias têm uma especificidade em relação a outros domínios de aplicação da ciência. Essa especificidade reside em uma relação singular da biologia contemporânea com a técnica. A título de conclusão, examinaremos o que a história que acabamos de contar pode trazer a essa problemática.

Classicamente, ciência e técnica podem pelo menos pretender se distinguir como, por um lado, a descoberta de uma ordem de coisas *necessária* e idealmente única, e, por outro, a invenção de dispositivos artificiais no campo dos *possíveis* definido por essa ordem de coisas. Mas a biologia contemporânea se apresenta a nós como indissociavelmente biotecnologia. Seus objetos – a hereditariedade, as espécies, o homem... – não são apenas fenômenos a descrever ou a explicar, mas sempre e ao mesmo tempo objetos manipuláveis por uma ação técnica. De fato, toda a biologia hoje se organiza em torno do conhecimento das moléculas do DNA, ou seja, a leitura da informação genética e o estudo de sua regulação. Ora, essa abordagem informacional do ser vivo oferece um campo de ação quase ilimitado, correspondente a todas as combinações realizáveis de cadeias de bases nucléicas. Ao mesmo tempo, o código genético permite compreender essa informação como um programa que determina os caracteres de cada espécie: estruturas orgânicas, suscetibilidade a doenças, e, numa medida ainda pouco conhecida, as disposições psíquicas. No próprio momento em que a publicidade da pesquisa biológica lhe atribui a ambição extraordinária de *ler* a natureza humana no DNA, descobre-se que ela detém simultaneamente o poder técnico de *escrever* à vontade o texto desejado.

A relação entre biologia e técnica parece tão velha quanto a própria biologia, não tanto pela importância dos domínios aplicativos representados pela medicina e a agricultura, mas porque a utilização de analogias e metáforas emprestadas dos modos de fabricação ou de funcionamento dos objetos artificiais, nos esquemas explicativos da organização do ser vivo, é uma constante, desde o animal-máquina até o Grande Relojoeiro. Mas a maneira pela qual Darwin mobilizou a prática da seleção artificial para construir sua teoria ultrapassa a simples metáfora, e situou a biologia em uma posição original, ao mesmo tempo técnica e científica.

É verdade que, antes do trabalho de Darwin, no caso da seleção artificial, os criadores tinham à sua disposição, a cada instante, diversas variações *possíveis*. Mas esse possível não era senão o efeito de sua ignorância. Eles sempre podiam esperar que os progressos da ciência terminariam por mostrar a necessidade de cada uma das variações que se produziam. O possível era apenas um sinal do estado inacabado da ciência.

Ao construir o modelo da seleção natural sobre o modelo da seleção artificial, Darwin fez da biologia uma paradoxal ciência do possível. As variações são possibilidades reais para as condições de seleção. A evolução de uma espécie não é senão uma série de escolhas nesse repertório infinito. Uma espécie não é uma lei da natureza, ela não possui nem essência nem necessidade, sendo simplesmente uma possibilidade entre uma infinidade de outras; infinidade que permite pensar a biologia molecular como o conjunto de textos que se poderia escrever com as quatro letras do alfabeto nucléico.[1] É absurdo procurar uma direção na evolução, porque essas variações hereditárias são estritamente aleatórias e seus valores seletivos totalmente imprevisíveis.

Em geral, a ciência busca idealmente uma única verdade, um único possível: o real. Se a teoria que ela propõe para explicar a ordem dos fenômenos consiste, ao contrário, em afirmar a existência de uma pluralidade de possíveis – no caso, todas as variações genéticas concebíveis –, então ela oscila entre duas posições contraditórias, e ambas insatisfatórias.

Suponha-se que ela continue buscando critérios naturais que distingam entre essas possibilidades. Retorna-se então a uma forma de necessidade que, de resto, poderia ser muito inquietante nesse domínio. Se indicasse a evolução que se deve produzir, ela poderia servir para impor uma ordem cientificista ao futuro da humanidade.

Suponha-se, por outro lado, que ela reconheça a contingência das possibilidades. Não haverá então nem lei regular das variações, nem critério universal *a priori* do valor evolutivo. Em conseqüência, não se pode encontrar na ciência nenhum critério para dirigir seu poder técnico.

É com certeza normal que a ciência não proporcione critérios axiológicos, mas também aí há uma dificuldade. Seria um erro crer que o questionamento ético não é senão uma reação crítica e responsável da sociedade diante

---

1. Um testemunho desse caráter eminentemente técnico da biologia moderna é dado pela dificuldade em distinguir entre descoberta e invenção nos atuais debates sobre a patenteabilidade do genoma.

do poder científico. É, de fato, do interior que a biologia interpela a sociedade, para que ela lhe forneça critérios para sua ação. Quando ela reconhece que não pode determinar nem a essência das espécies nem a essência da evolução, isso não é uma confissão de ignorância, mas uma afirmação de que essas essências inexistem. Há uma forma de *double bind** no cerne do desejo científico de normas éticas: quanto mais a ciência pretende apreender a natureza humana, mais tem necessidade de uma natureza humana que lhe escape para dirigir sua necessidade de agir tecnicamente. Assim, o momento em que o próprio campo científico-técnico afirma mais claramente que os critérios de sua ação devem ser externos a seu campo de competência é, ao mesmo tempo, o momento em que ele parece negar mais taxativamente a existência mesma dessa exterioridade.

Se aceitarmos os resultados da biologia molecular, vemo-nos, paradoxalmente, diante da idéia de uma libertação total perante todo determinismo biológico, na medida em que podemos tecnicamente escolhê-la. A distinção entre Natureza e Cultura parece desaparecer cada vez mais quando se desenvolve a capacidade de agir baseada na técnica e na ciência. A natureza se transforma cada vez mais em um campo de possibilidades, e é cada vez menos um dado a ser compreendido. Quanto maior for a pretensão ao poder de manipular a natureza humana, menos se poderá encontrar um sentido para decidir o que se deve fazer dela.

Diante dessa situação paradoxal, nosso recuo histórico talvez seja útil: por meio de uma discussão epistemológica do esquema de seleção, ele permite um início de reformulação do problema.

---

* Em inglês no original. Significa a submissão simultânea a duas injunções contraditórias. (N. T.)

2. O esquema da seleção

Empregamos, a propósito da seleção natural, os termos "esquema", "princípio" e "teoria". É necessário tornar mais preciso esse vocabulário. A seleção é um *esquema* explicativo na medida em que pode ser mobilizada em uma grande diversidade de domínios de fenômenos para pensar uma aparência de finalidade sem fazer intervir causas finais. Aplicado ao caso dos fenômenos de adaptação biológica, esse esquema fornece um *princípio* de explicação da evolução, o qual permite, por sua vez, construir uma *teoria* na qual se desenvolve toda uma série de conseqüências particulares: repartição geográfica das espécies, classificação, paleontologia, embriologia, etc.

De forma completamente geral, a aplicação do esquema de seleção para compreender uma adaptação necessita da articulação entre variações reprodutíveis (uma memória) e condições de seleção. A seleção corresponde ao sucesso diferencial da reprodução das variações. As únicas variações reprodutíveis que interessam à seleção são, portanto, aquelas que afetam o processo geral de reprodução.

O problema mais delicado para a aplicação do esquema de seleção consiste em articular esses dois componentes: as variações do processo de reprodução dessas variações e um sucesso diferencial dessas variações. Retornando ao momento de sua construção, podem ser extraídas dele diversas interpretações. Vimos anteriormente que ele se construiu por um trabalho do conhecimento sobre seus próprios limites. O gesto cognitivo essencial dessa criação conceitual é fazer que o conhecimento de que se ignora a causalidade dessas variações se torne o próprio meio de explicação; não para anunciar que essa causalidade não exista ou que seria incognoscível, mas *para pensar um processo natural de ação em situação de ignorância*: uma seleção capaz de agir independentemente dessa fonte de variabilidade.

Darwin não raciocinava abstratamente, e sim em um contexto de conhecimentos inscritos em uma atividade prática; no caso, a das técnicas de seleção artificial. Ao se distinguir diversas concepções possíveis da ignorância dos criadores, pode-se distinguir diversas interpretações da relação entre seleção e variação, a saber, uma "articulação hierárquica" e uma "articulação relativa".

2.1. Articulação hierárquica

É a interpretação neodarwinista clássica, cujo desenvolvimento apresentamos anteriormente a partir dos trabalhos de August Weismann. Os criadores ignoram a causalidade das variações hereditárias que lhes permitiria dirigi-las no sentido desejado, estando reduzidos a esperar que as variações se produzam. Sua ignorância é quanto à ocorrência ou não do fenômeno (uma variação hereditária) que satisfará um conceito conhecido (o critério de seleção). Há uma separação estrita e *hierárquica* entre condições de seleção e variações hereditárias: as variações ocorrem ao acaso relativamente a todas as mudanças que os criadores podem introduzir no ambiente dos organismos. Além disso, as variações são independentes: as que se produzem não modificam o conhecimento que se poderia ter sobre as variações futuras.

Para justificar a passagem dessa ignorância a um acaso na natureza, já vimos como, após a recusa da hereditariedade dos caracteres adquiridos, Weismann, e posteriormente a genética, puderam tratar os caracteres hereditários como comandos materiais (determinantes, genes, informação genética) que determinam os fenômenos orgânicos (os caracteres expressos, o fenótipo). Os determinantes são postulados como regras reprodutíveis, perfeitamente impermeáveis à mudança dos caracteres orgânicos que eles controlam e que participam das interações com o ambiente. Suas variações ocorrem ao acaso relativamente às condições de seleção, na medida em que são independentes das mudanças do organismo. A adaptação é compreendida como a simples otimização da hereditariedade em relação a um meio externo independente. Se bem que se trate aqui de dar conta de uma história das espécies, está-se paradoxalmente em um eterno presente: a cada momento da evolução são experimentadas variações aleatórias, independentes do passado e cegas quanto ao futuro. Não há, na evolução, um encadeamento causal ou uma lei temporal. A seleção age de forma sempre atual e oportunista.

Essa concepção teórica da origem das espécies tem conseqüências epistemológicas. Toda espécie, toda forma de organização viva não é senão o resultado de uma escolha entre uma sucessão de mudanças contingentes. Não há lei geral da evolução ou uma essência própria de cada forma de organização. Todos os caracteres dos seres vivos são possibilidades que simplesmente tiveram a oportunidade de ser conservadas pela seleção. Mesmo o código genético, exemplo por excelência de uma estrutura geral presente em todos os seres vivos conhecidos, é arbitrário e contingente. Ele poderia ter sido diferente, e não há, na biologia molecular, nenhuma razão concebível que permitisse supor que teria sido menos eficaz.

Pode-se então perguntar: se a evolução é apenas uma sucessão de fatos arbitrários, como é possível que haja qualquer coisa de conhecível em biologia? Mesmo uma simples descrição de fenômenos exige regularidades, e para isso a biologia não pode apoiar-se senão nas regularidades da hereditariedade. A generalidade dos conhecimentos é apenas a da reprodução dos determinantes genéticos correspondentes. A biologia jamais proverá leis universais, mas apenas regras mais ou menos gerais segundo as afinidades históricas (quer dizer, genéticas) dos indivíduos ou das espécies na evolução. Pode-se também procurar fundar a existência de regularidade no mundo vivo apoiando-se sobre a ordem trazida pela seleção. Mas esta não é acessível senão por meio de seu registro na hereditariedade. Um biólogo neodarwiniano ortodoxo não aceita que se possa definir independentemente funções adaptativas. A seleção pode servir para dar conta de uma ordem no mundo vivo, mas somente *a posteriori*: é impossível fazer previsões sobre as evoluções por vir.

A recusa em admitir um acesso *a priori* às condições de seleção explica as discussões sobre o caráter quase tautológico da teoria darwiniana. De fato, pode-se observar que, na genética populacional, a adaptação de um gene se define pelo fato de que ele é selecionado, e, reciprocamente, a seleção desse gene se explica pelo fato de que ele está adaptado. Mas essa tautologia apenas subsiste se for admitido que a adaptação só deve ser definida diretamente no nível do gene. Nesse caso, o "valor adaptativo" torna-se equivalente ao "valor seletivo" definido pela taxa de reprodução diferencial desse gene. Para escapar da tautologia, bastaria definir diretamente a adaptação mediante certas relações entre as propriedades orgânicas e o ambiente, independentemente da seleção, que não seria, ela própria, senão o efeito dessa adaptação em termos da reprodução dos determinantes dessas propriedades.

Compreende-se a ausência de uma tematização de um saber geral sobre os modos possíveis de organização e adaptação certamente pelo temor de reintroduzir o finalismo, que toda a teoria darwiniana visava exatamente eliminar. Foi de fato nas análises da teologia natural que haviam sido obtidos os detalhes dos modos de vida de cada espécie e as múltiplas funções adaptativas de seus caracteres, estudos dos quais, de resto, Darwin foi um grande devedor. Compreende-se assim a ausência de desenvolvimento de uma biologia teórica (como a existência de uma física teórica), uma ausência *fundada* na única teoria verdadeiramente universal do mundo vivo, a teoria da seleção natural.

2.2. Articulação relativa

Esta perspectiva, distinta mas não contraditória à anterior, também presente em Darwin, tem sido largamente negligenciada na história dominante da biologia. Ela pode ser delineada examinando-se a concepção ligeiramente diferente da ignorância na seleção artificial na qual ele se inspira.

A ignorância dos criadores, aqui, é inicialmente a ignorância do efeito de suas ações sobre suas criações. De fato, como vimos, Darwin pensava que as ações dos criadores sobre o meio ambiente dos organismos estavam na origem das variações que estes experimentavam. Entretanto, e este é o ponto de partida da biologia darwiniana, os criadores não sabem controlar os efeitos de suas ações e não conseguem dirigir as variações hereditárias no sentido de seu objetivo. Eles ignoram não apenas o que ocorre, mas o que eles próprios fazem.

Além disso, Darwin, que estava muito próximo das práticas reais dos criadores, tinha observado que a escolha de critérios de seleção se realiza freqüentemente em função das próprias variações observadas. Os criadores ignoram como produzir diretamente as variações que satisfariam seus critérios de seleção, mas aceitam rever esses critérios em função das variações que efetivamente se produzem, buscando caracteres facilmente amplificáveis pela seleção. Eles escolhem variações suficientemente hereditárias que acreditam ser capazes de produzir, em sua descendência, novas variações no mesmo sentido (tendo uma "tendência a variar na mesma direção"). De certo modo, a ignorância dos criadores é dupla: eles ignoram não apenas as variações precisas que se produzirão, mas também os critérios de seleção que serão levados a seguir. Ao mesmo tempo, porém, essa ignorância não é tão grande: ainda que não tenham um grande domínio do processo evolutivo artificial, os criadores não se sentem totalmente desarmados. Eles sabem lidar com as variações que se apresentam de modo a escolher uma atividade seletiva com possibilidades futuras, e procuram ativamente condições que reduzam sua ignorância (no sentido da impotência de controlar os efeitos de suas ações).

Assim, sua ignorância lhes parece *relativa* e *variável*: ela depende do critério de seleção, do objetivo visado. Para critérios bem ajustados às variações reais, o progresso evolutivo está momentaneamente quase assegurado. As futuras variações, bem como as possíveis mudanças de critério de seleção, são condicionadas pelo passado, isto é, pelas variações que foram privilegiadas, o critério que foi escolhido. A cada etapa do processo, o critério de seleção define uma expectativa particular; a ignorância é quanto ao sucesso ou não de uma aposta evolutiva para o futuro. O que se ignora são tanto as mudanças de critério quanto o sucesso de seu cumprimento. É uma ignorância parcial e incessantemente redefinida no interior do próprio processo evolutivo.

Para justificar a existência de um acaso na natureza correspondente a essa ignorância, Darwin não precisava rejeitar a transmissão hereditária de variações adquiridas durante a vida individual. Para compreender isso, é preciso escapar da moderna oposição entre neodarwinismo e neolamarckismo. O problema do lamarckismo, para Darwin, não é admitir a hereditariedade das aquisições, mas sobretudo o fato de acreditar que, com isso, haveria um acesso direto a um valor evolutivo; crença que ele estigmatizava como um apelo injustificado a uma intencionalidade misteriosa. Tanto nas criações como no estado selvagem, as variações produzidas sob o efeito do ambiente em geral não são adaptativas. De uma perspectiva mecanicista, não há motivo para pensar que, se o organismo varia sob o efeito do meio ambiente, isso será sempre vantajoso para ele e para a espécie, e isso por duas razões.

Em primeiro lugar, uma inscrição não é uma instrução. Uma instrução significaria uma perfeita transparência da hereditariedade: a variação orgânica relativamente ao ambiente determinaria uma mudança na hereditariedade que produziria precisamente essa mesma variação. Darwin dava pouca importância a essa perspectiva propriamente lamarckiana, mas aceitava a inscrição na hereditariedade das variações do organismo, inscrição cujos efeitos na descendência teriam poucas chances de assemelhar-se a suas causas. Esta é a variação indefinida.

Em segundo lugar, as variações podem conduzir a uma redefinição dos critérios de seleção ao modificar os lugares na economia da natureza em que é preciso sobreviver. O acaso se mantém, pois as variações não são determinadas em função das condições de seleção: elas precedem necessariamente os critérios de seleção que modificam e cujo valor ignoram. Que a variação seja criativa não impede a luta pela existência entre os organismos ou as espécies. Mesmo no caso de uma instrução, as variações produzidas sob o efeito do ambiente não seriam necessariamente adaptativas. Trata-se, contudo, menos de uma competição para satisfazer uma norma do que de uma competição para estabelecer novas normas, novos modos de existência.[2] A evolução não é mais um processo de otimização relativamente a um meio independente, mas a exploração de modos de

---

2. Encontram-se aqui certos aspectos da interpretação nietzschiana da obra de Darwin (que Nietzsche conhecia sobretudo de segunda mão, através de

vida viáveis. Os biólogos contemporâneos adotaram essa concepção da relação entre o organismo e seu meio. Richard Lewontin, por exemplo, defende que

> o organismo e o ambiente não são realmente determinados de forma separada. O ambiente não é uma estrutura imposta aos seres vivos do exterior, mas, de fato, uma criação desses seres.[3]

Além disso, os diversos caracteres dos organismos de uma espécie interagem mediante seus papéis na sobrevivência e na reprodução. Dizer que cada variação participa da redefinição das condições de seleção significa que as mudanças de um caractere afetam o sucesso diferencial dos outros caracteres da espécie.

A análise teórica e epistemológica precisa proposta por Elliott Sober em *The Nature of Selection*[4] mostra que há, de forma inteiramente geral, dois pontos de vista válidos mas profundamente diferentes nas explicações pela teoria da seleção natural. Podemos, de um lado, colocar-nos sobre o plano da causalidade da seleção e procurar justificar a existência das *propriedades* orgânicas, mostrando sua eficácia adaptativa, isto é, seu papel *causal* para a

---

Spencer e Haeckel): "A influência das 'circunstâncias exteriores' é superestimada até o absurdo por Darwin; o essencial do processo vital é justamente esse monstruoso poder formador que, a partir do interior, é criador de forma." Fragmento póstumo 1886-1887, citado em B. Stiegler, "Nietzsche lecteur de Darwin", *Revue Philosophique*, n. 3, 1998, p. 377-95.

3. Richard Lewontin, 1983, em F. Varela, E. Thompson e E. Rosch, *L'Inscription corporelle de l'esprit*, Seuil, 1993, p. 268. A verdadeira questão é "como, no seio dos condicionantes gerais da natureza, os organismos puderam construir ambientes particulares – ambientes que são eles próprios as condições de desenvolvimento ulterior dos organismos, o qual conduzirá por sua vez à reconstrução da natureza sob a forma de novos ambientes?" (R. Lewontin, ibidem, p. 274).

4. E. Sober, *The Nature of Selection: Evolutionary Theory in Philosophical Focus*, Cambridge, MIT Press, 1984.

sobrevivência ou a reprodução. A isso ele denomina a "seleção para" (*selection for*) uma propriedade, uma estrutura, um comportamento. Por outro lado, podemos colocar-nos no plano dos *objetos* que são reproduzidos e selecionados (os genes), o que ele denomina a "seleção de" (*selection of*) porções do DNA, de genes, ou de genótipos.

> A "seleção de" diz respeito aos efeitos do processo seletivo, ao passo que a "seleção para" descreve suas causas. Dizer que há uma seleção para uma dada propriedade significa que o fato de possuir essa propriedade causa um sucesso na sobrevivência e na reprodução. Mas dizer que um dado tipo de objeto foi selecionado consiste simplesmente em dizer que o resultado do processo seletivo foi aumentar a representação desse tipo de objeto.[5]

A primeira perspectiva é a do naturalista, que observa na natureza os modos de existência dos organismos no sistema ecológico. A segunda é a perspectiva da genética populacional, ou da biologia molecular, que atribui à informação genética um tipo de preeminência ontológica sobre o conjunto dos fenômenos biológicos.[6] Ora, para Darwin esses pontos de vista não podiam ser separados porque, como vimos, a hereditariedade é pensada na continuidade causal de uma descendência. É o organismo inteiro que é selecionado e que se reproduz. Os caracteres que tomam parte na luta pela existência são os próprios caracteres que se propagam na população (e não seus determinantes). E é também essencialmente como um naturalista fascinado pela riqueza das formas e modos de vida que Darwin trabalhava. Todos seus esforços para

---
5. Ibidem, p. 100.
6. Ver, por exemplo, R. Dawkins, *The Selfish Gene*, op. cit.

validar sua teoria consistiam em mostrar, no plano das propriedades orgânicas, as razões adaptativas de sua gênese pela seleção natural.

Do mesmo modo, passando de uma concepção hierárquica para uma concepção relativa, muda-se de ponto de vista privilegiado sobre a evolução. Passa-se de um ponto de vista centrado sobre o conhecimento do suporte da memória (o DNA) para o do organismo e seus problemas de existência. É neste plano que se definem as apostas adaptativas e que se impõem as leis e regularidades dos modos de interação com o meio.

De fato, ainda que seja a espécie que, no curso de sua evolução, define o meio com o qual deve interagir, disso não se deve concluir apressadamente um indeterminismo absoluto do percurso evolutivo. Ao contrário, é preciso sustentar que o espaço das possibilidades não é contínuo e homogêneo, pois se não fosse assim a seleção natural perderia todo o poder explicativo no sentido que lhe dava Darwin. De fato, a maior parte de sua obra após a publicação de *A origem das espécies* foi dedicada a mostrar que o princípio de seleção era suficiente para explicar a existência de caracteres morfológicos, fisiológicos ou comportamentais particulares. Para isso ele utilizou amplamente os conhecimentos sobre os modos de interação do ser vivo com seu meio. Para explicitar a vantagem de uma propriedade (a cor do pêlo, uma modificação do olho, a forma de uma flor, um comportamento altruísta, etc.) era preciso mobilizar conhecimentos gerais sobre as condições e modos de vida dos organismos, conhecimentos que não têm nada a ver com a contingência das variações. É este gênero de conhecimento que permite dizer em que condições uma cor permitirá uma camuflagem eficaz, por que um olho deve dispor de uma lente, por que as asas deveriam ter tal forma e tal peso, etc. Ora, um tal campo de saber, muito próximo do conhecimento técnico, ainda que onipresente nos trabalhos de Darwin, não é jamais tematizado enquanto tal. Seu estudo significaria, por exemplo, a análise sistemática dos fatos de convergência como indicação da existência de características *universais* em relação aos possíveis modos de adaptação. Podem-se encontrar diversas exceções, como os trabalhos de André Leroi-Gourhan em meados do século XX, ou, mais recentemente, certas pesquisas no campo heteróclito da "vida artificial". Parece-se descobrir assim, tanto no plano morfológico quanto no plano funcional, a existência de modos de organização ou de interação regulares. Por exemplo, Leroi-Gourhan observa que o princípio técnico geral de um mecanismo de preensão como a mão se encontra no curso da evolução nas linhagens mais diversas, tanto para o membro anterior de roedores e primatas quanto para os membros posteriores dos pássaros.[7] Ou, ainda, simulações computacionais mostram a gênese de surpreendentes estruturas, capazes de uma complexificação infinita, mas nas quais se reencontram formas típicas de adaptação.[8]

De certa forma, os argumentos desenvolvidos na longa tradição crítica contra o adaptacionismo vão na mesma direção. Essa tradição, que já encontramos antes mesmo da aparição das teorias transformistas, por exemplo, na recusa por Whewell dos argumentos utilitaristas de Paley,

---

7. "O caso dos pássaros é valioso, pois mostra que a possibilidade de intervenção da 'mão' não apenas não está ligada aos grupos zoológicos estreitos que conduziriam diretamente do celacanto ao homem através dos símios, mas que ela é até mesmo, em certa medida, independente de um território anatômico determinado." A. Leroi-Gourhan, *Le geste et la parole*, Paris, Albin Michel, 1964, p. 52.
8. Ver, por exemplo, S. A. Kauffman, *The Origins of Order: Self Organization and Selection*, Oxford University Press, 1993; ou as criaturas de Karl Sims, ou ainda, para as formas de organização coletiva estáveis, os trabalhos de G. Theraulaz & F. Spitz, *Auto-organization et comportement*, Paris, Hermès, 1997.

consiste em mostrar que importantes aspectos da organização dos seres vivos não podem ser explicados por uma função adaptativa. Essa crítica, desenvolvida contra Darwin por oponentes como St. George Jackson Mivart, foi renovada com estrépito por Stephen Jay Gould e Richard C. Lewontin.[9] Embora mantendo-se no interior do arcabouço darwiniano, eles denunciam o "panadaptacionismo" daquilo que denominam o "paradigma panglossiano". Sabe-se como, no *Cândido*, Voltaire havia traçado a caricatura do otimismo de Leibniz na figura de Pangloss, filósofo imaginário que queria ver em cada coisa a prova de que nosso mundo era o melhor possível dentre os mundos (como o nariz foi maravilhosamente adaptado para sustentar os óculos, e os pés para serem calçados). Segundo Gould e Lewontin, numerosos darwinianos, fascinados pelo poder explicativo da teoria da seleção natural aplicada a uma variabilidade contínua e onidirecional, viam em cada coisa uma utilidade adaptativa, esquecendo que numerosas estruturas orgânicas devem ser antes o efeito da coerência mecânica ou da dinâmica do desenvolvimento dos seres organizados, independentemente de qualquer relação com o meio.[10] Seria preciso reconhecer a existência de leis universais acerca das embriogêneses estáveis e do equilíbrio das partes no organismo.[11] Os ataques de Gould e Lewontin,

---

9. S. J. Gould & R. C. Lewontin, "The Spandrels of San Marco and the Panglossian Paradigm: A Critique of the Adaptationist Program", *Proceedings of the Royal Society of London* B 205, p. 581-98.

10. Dessa crítica extrai-se comumente uma concepção "saltacionista" da evolução, com os efeitos adaptativos da seleção natural não podendo desempenhar senão um papel secundário para ajustar a nova forma ao nicho ecológico particular que ela explora.

11. Sobre esta questão, a obra que teve mais repercussão é a de W. D'Arcy Thompson, *On Growth and Form* (1917), recentemente traduzida para o francês, *Forme et croissance*, Paris, Seuil, CNRS, 1994.

certamente exagerados com relação a numerosos biólogos[12], não são menos relevantes para autores que, como Weismann, postulavam sistematicamente que toda estrutura orgânica devia ter um valor adaptativo, e portanto, reciprocamente, que toda explicação dessa estrutura devia ser, em última instância, uma descrição da ação da seleção natural. É necessário que se note que a importância dessas reservas para o darwinismo é bastante diferente conforme a maneira como sejam concebidos os mecanismos da hereditariedade.

Admita-se, por um lado, como Darwin, que é o organismo mesmo que se reproduz (que é a memória de sua própria estrutura). Nesse caso, as leis de desenvolvimento opõem-se diretamente a um selecionismo estrito. Elas definem restrições sobre as variações possíveis que orientam diretamente o curso da evolução, independentemente da adaptação pela seleção natural.

Por outro lado, admita-se, como na biologia moderna, que a memória dos caracteres orgânicos situa-se rio acima em relação à ontogênese. As restrições ligadas à coerência do desenvolvimento são então sobretudo restrições seletivas "internas", inteiramente semelhantes às restrições "externas" da adaptação ao ambiente: inicialmente produzem-se variações hereditárias quaisquer, mas as inadequadas do ponto de vista das formas orgânicas possíveis são eliminadas já no estágio inicial da embriogênese. Leis gerais sobre as possíveis formas de organização de seres vivos são menos leis sobre as possíveis variações hereditárias do que leis definindo as restrições seletivas gerais que indicam quais são as mudanças evolutivas acessíveis

---

12. Há no momento uma violenta polêmica entre Gould e teóricos como Maynard Smith, Dawkins e Dennett sobre a importância e a pertinência dessas críticas. [Este livro foi escrito em 1999; Gould morreu em maio de 2002. N. T.]

a uma dada forma. Esse tipo de conhecimento é da mesma ordem que qualquer forma de conhecimento geral sobre os modos viáveis de existência; tanto sobre a coerência orgânica como sobre os modos de relacionamento possíveis entre os seres vivos e seus ambientes.

Esse tipo de abordagem procura compreender a evolução como um processo que não é estritamente arbitrário. Não tanto porque obedeça a uma lei que, como na ontogênese, determinaria a história evolutiva (são as espécies elas mesmas que definem os problemas adaptativos a que devem responder, e as variações permanecem aleatórias relativamente a essas condições de seleção), mas porque, em sua exploração dos nichos ecológicos possíveis, as espécies *encontram* restrições possivelmente universais. Estas não desempenham um papel diretamente determinante na variação evolutiva, mas são em alguma medida descobertas (embora de maneira sempre parcial e imperfeita) pelas formas de vida existentes.

Pode-se assim conceber uma forma de historicidade dos percursos evolutivos. Na perspectiva selecionista hierárquica clássica está-se em um eterno presente; o futuro é absolutamente desconhecido e independente do passado. Ao contrário, no lamarckismo, o futuro seria determinado; não haveria mais história, mas um desenvolvimento necessário. Aqui, todavia, as variações, ao redefinirem as situações seletivas, dão uma orientação (momentânea) ao futuro. A evolução futura da espécie depende de seu passado, não como uma conseqüência mecânica, mas como escolha de restrições sobre futuros possíveis. Se for admitido que a espécie participa historicamente da constituição de sua situação seletiva, os modos de adaptação subseqüentes podem ser classificados em tendências segundo a estabilidade das direções dadas, o encadeamento dos problemas e de suas respostas. O passado põe em jogo futuros possíveis, e os orienta sem determiná-los. O que é peculiar a esta sobredeterminação é que ela coloca problemas na mesma medida em que lhes dá soluções, soluções sempre parciais, que colocarão elas próprias novos problemas... É o que se encontra, de fato, em todos os cenários evolutivos.

3. Conclusão

Darwin descrevia a ação da seleção natural como um trabalho experimental:

> Mas todo tipo de desenvolvimento depende do concurso de um grande número de circunstâncias favoráveis. A seleção natural só age de um modo experimental.[13]

Pode-se tomar essa analogia em um grau literal. Como em toda experimentação científica, há uma suficiente ignorância prévia do resultado (se a experiência não for uma pura formalidade). Mas, ao mesmo tempo, a construção da experiência visa definir e delimitar ao máximo o campo de respostas possíveis. De fato, ela se inscreve em uma história teórica e cumulativa que permitiu definir essa questão experimental como interessante.

Esse tipo de aplicação reflexiva da idéia de seleção natural aos conhecimentos científicos foi sobretudo desenvolvida nas "epistemologias evolucionárias". Nessas concepções da atividade científica, o esquema de seleção é mobilizado para dar conta do conhecimento como uma forma de adaptação das hipóteses aos fenômenos a explicar. Por exemplo, Karl Popper aplica o esquema de seleção essencialmente para recusar toda forma de indução (equivalente epistemológico do neolamarckismo) e defende, ao contrário, um percurso hipotético-dedutivo por

---

13. Darwin, *Descendance...*, p. 153. [No original de Darwin lê-se "acts only tentatively". N. T.]

tentativa e erro, o *refutacionismo*: todo conhecimento só pode ser validado temporariamente, por sua resistência aos riscos de sua refutação experimental, exatamente como uma variação hereditária só se mantém temporariamente, durante o tempo em que resiste aos riscos da seleção natural. A ciência leva a marca de nossa finitude. Nenhum conhecimento é absolutamente certo e definitivo, assim como nenhuma espécie é uma solução definitiva a todos os problemas adaptativos.

A aplicação dessa epistemologia à biologia oferece uma primeira saída para o paradoxo ético que descrevemos anteriormente. Ela permite situar essa disciplina na história das ciências, isto é, na história humana, e não o contrário. É preciso escapar da alucinação de uma transparência possível e definitiva do homem para si mesmo, e reconhecer nossa inesgotável ignorância que motiva incessantemente todas as formas de investigação humana. Não estamos no fim da história da biologia. Ela não conhece em definitivo nem o homem, nem mesmo o ser vivo, mas segue em sua eterna investigação.

Na prática, porém, esses critérios de demarcação filosófica estão longe de serem suficientes. As questões colocadas pela biologia e por seu poder concreto de ação não deixam em paz o campo dos valores humanos, morais, jurídicos ou políticos. Antes de mais nada, é preciso atender à premente exigência dos doentes, que esperam que um determinismo científico proporcione o poder de curá-los. Mas, na questão da hereditariedade, toda ação será ao mesmo tempo suscetível a múltiplos desvios, pois os limites do normal e do patológico permanecem fluidos e flutuantes. No plano ideológico, a biologia moderna permanece um fator de perturbação, ao levantar um problema ético afirmando ao mesmo tempo que não se pode conhecer a resposta. A afirmação científica do absurdo, da contingência do possível, prejudica quase tanto quanto o totalitarismo de uma determinação objetiva do valor. Nos dois casos, o que está sendo sufocado é um questionamento genuíno, aberto ao futuro, para o qual as respostas, mesmo desconhecidas, sempre podem ser esperadas.

A reflexão ética não pode assim se desinteressar das concepções científicas e de seus poderes técnicos, sob o risco de recair na pesquisa de critérios objetivos de valor.[14] A única solução seria talvez exigir que a biologia forje teorias que tornem pensável esse espaço de produção de sentido que nos interessa. Mas a situação seria particularmente desconfortável: parece inaceitável subordinar diretamente as escolhas teóricas a princípios éticos ou políticos, pois se entraria em conflito com os próprios princípios da atividade científica e se recairia nos piores momentos das ideologias totalitárias, das quais o lyssenkismo[15] é o mais célebre exemplo. No entanto, por sua origem, a biologia evolucionista apresenta uma originalidade e talvez uma saída.

Como para todas as outras ciências, a sempre presente diversidade das teorias é sinal da finitude humana. Mas já vimos que, no caso da biologia, a ignorância desempenha igualmente um papel intrínseco, por intermédio do papel do acaso no esquema de seleção. Ora, há dois modos de compreender essa ignorância: ou ela é dada como estável e definitiva, é o *incognoscível* da variação para os criadores, e, portanto, o acaso hierárquico das variações relativamente às condições de seleção; ou ela é variável e relativa, é o *desconhecido* dos futuros critérios de seleção que serão seguidos pelos criadores, e, portanto, o acaso relativo das

---

14. Ver, por exemplo: *Fondements naturels de l'éthique*, sob a direção de J.-P. Changeux, Paris, Ed. Odile Jacob, 1991.
15. Trofim Lyssenko (1898-1976), diretor do Instituto de Genética de Odessa de 1940 a 1965, célebre por ter atacado a genética clássica dependente de uma "ciência burguesa" em nome de uma "ciência proletária".

variações e das mudanças de lugar na economia natural. Contrariamente às variações hereditárias possíveis em uma articulação hierárquica com a seleção, isto é, as variações independentes, cegas quanto ao passado e quanto ao meio ambiente do organismo, as variações hereditárias possíveis em uma articulação relativa são variações que modificam o ambiente pertinente para o organismo, apostando em direções evolutivas futuras. Encontra-se, então, na evolução biológica, o eco do questionamento próprio da história humana, tanto científico quanto ético ou político. Um questionamento que animava a investigação de Darwin e que o trabalho histórico tenta reavivar.

Muitas vezes o princípio da seleção natural suscita o sentimento desesperador de uma lei simples que parece reduzir tudo a sua fórmula única, como se toda e cada coisa particular fosse explicada de um só golpe, e todo espanto extinto de antemão. Mas esse sentimento é sobretudo compreensível no contexto neodarwiniano, em que as cadeias de símbolos formais determinam caracteres orgânicos cujo valor adaptativo corresponde a um valor abstrato. Para Darwin, as variações são modificações do próprio organismo (sob o efeito de uma causalidade direta ou indireta, definida ou indefinida), das quais não se sabe de antemão se terão sucesso. Elas não constituem tanto tentativas e erros para responder a um problema independente já formulado quanto tentativas para descobrir modos de vida viáveis, para inventar novos lugares em um jogo ecológico infinitamente complexo e ilimitado. As variações orientam e diversificam a evolução, redefinindo os problemas adaptativos e explorando os modos possíveis de existência.

> É interessante contemplar uma margem luxuriante, atapetada de muitas plantas de muitos tipos, com pássaros cantando nos arbustos, com vários insetos voejando ao

redor e com vermes rastejando na terra úmida, e refletir que essas formas elaboradamente construídas, tão diferentes entre si e dependendo umas das outras de maneira tão complexa, foram todas produzidas por leis que agem ao nosso redor.[16]

---

16. Darwin, *L'Origine des espèces*, op. cit., p. 575.

Bibliografia

Principais obras de Darwin (ordem cronológica)*

A *Naturalist's Voyage Round the World*, 1860. (Trad. francesa: *Voyage d'un naturaliste autour du monde* (1891). Paris: La Découverte, 2 vol., 1992.)
Charles Darwin's Notebooks 1836-1844. BARRETT, P. H., GAUTREY, P. J., HERBERT, S., KOHN, D., SMITH, S. (Org.). Ithaca: Nova Iorque. British Museum, Cornell University Press, 1987.
The Foundations of the Origin of Species: Two Essays Written in 1842 and 1844. Nova Iorque: New York University Press, 1987. (Trad. francesa: *Ébauche de* l'Origine des espèces. Paris: Diderot Editeur, 1998.)
Textos apresentados à Sociedade Lineana em 1858. Publicados no *Journal of the Proceedings of the Linnean Society, Zoology* 3: 45-62. 20.8.1858. (Trad. francesa em: DROUIN, J.-M. & LENAY, C. (Org.). *Théories de l'évolution.* Presses Pocket, Agora, 1990.)
On the Origin of the Species by Means of Natural Selection, or the Preservation of Favoured Races in the Struggle for Life. 1ª ed. Londres: Murray, 1859. (Trad. francesa: *L'Origine des espèces au moyen de la sélection naturelle ou de la*

---

* As obras de Darwin estão em domínio público e os textos completos em inglês podem ser encontrados nas páginas do Projeto Gutenberg: http://www.inform.umd.edu/EdRes/ReadingRoom/Nonfiction/Darwin/ (N. T.)

préservation des races favorisées dans la lutte pour la vie. Paris: GF-Flammarion, 1992.)

On the Origin of the Species by Means of Natural Selection, or the Preservation of Favoured Races in the Struggle for Life. 6ª ed. (definitiva). Londres, 1872. (Trad. francesa de E. Barbier: *L'Origine des espèces au moyen de la sélection naturelle ou de la lutte pour la existence dans la nature*. Paris: Petite Collection Maspero, 2 vol., 1980. Trad. brasileira: *Origem das espécies*. Belo Horizonte: Itatiaia Editora, 2002.)

The Variation of Plants and Animals under Domestication. 2 vol., Londres, 1868; edição moderna: Johns Hopkins University, 1998. (Trad. francesa por J.-J. Moulinié: *La variation des animaux et des plantes sous l'effect de la domestication*. 2 vol. Paris, 1868. Os capítulos contendo a hipótese da pangênese foram republicados em *La découverte des lois de l'hérédité, une anthologie*. LENAY, C. (Org.). Presses Pocket, Agora, 1990.)

The Descent of Man and Selection in Relation to Sex, 1871, 2ª ed. 1885. Edição moderna: Princeton University Press, 1981. (Trad. francesa: *La descendance de l'homme*. Paris: Complexe, 1981.)

The Expression of Emotions in Man and Animals, Londres, 1872. Edição moderna: Oxford University Press, 1998. (Trad. francesa: *L'expression des émotions chez l'homme e chez les animaux*. Paris: Reinwald, 1874. Edição moderna: Rivage Poches, 2001. Trad brasileira: *A expressão das emoções no homem e nos animais*. São Paulo: Companhia das Letras, 2000.)

The Autobiography of Charles Darwin (ed. por Francis Darwin, 1887). Edição moderna: W. W. Norton & Company, 1993. (Trad. francesa e prefácio de J.-M Goux: *Autobiographie. Darwin, La vie d'un naturaliste à l'époque victorienne*. Belin, 1985. Trad. brasileira: *Autobiografia 1809-1882*. Rio de Janeiro: Contraponto Editora, 2000.)

The Complete Works of C. Darwin, Pickering and Chatto, 1991, 29 vol. (todos os trabalhos publicados em vida por Darwin).

Principais obras citadas

HERSCHEL, John. *Preliminary Discourse on the Study of Natural Philosophy*, 1830. Reimpresso em 1966, Nova Iorque, Johnson Reprint Corporation.
LYELL, Charles. *Principles of Geology*, 1830-1833. (Trad. francesa da 10ª ed.: *Principes de Géologie, ou illustration de cette science empruntés aux changements modernes que la Terre et ses habitants ont subis*. 2 vol. Paris, 1873.)
PALEY, William. *Natural Theology*, 1802. Extratos publicados em: DROUIN, J-M. & LENAY, C. *Théories de l'évolution*, Press Pocket, 1990.
POPPER, Karl. *The Logic of Scientific Discovery*, 1959, original *Logik der Forschung*, Viena, 1935. (Trad. francesa: *La logique de la découverte scientifique*. Paris: Payot, 1973. Trad. brasileira: *A lógica da pesquisa científica*. São Paulo: Cultrix, 1972.)
WALLACE, A. R. *On the Tendency of Varieties to Depart Indefinitely from Original Type*, 1858. (Trad. francesa em: *Théories de l'évolution*, op. cit.)
WHEWELL, William. *Novum Organon Renovatum*, 1858. (Trad. francesa parcial por R. Blanché: *De la construction de la science*. Paris: Vrin, 1938.)

Estudos sobre Darwin e a teoria da seleção natural

BOWLBY, John. *Charles Darwin. Une nouvelle biographie*. Paris: PUF, 1995. (Perspectives critiques)
BOWLER, P. J. *Darwin. L'homme et son influence*. Paris: Flammarion, 1990. (Figures de la science)
CANGUILHEM, Georges *et al. Du développement & l'évolution au XIXe siècle*, 1962, reimpresso em *Du développement & l'évolution au XIXe siècle*. Apresentação de Etienne Balibar e Dominique Lecourt. Paris: PUF, 1985.
CHANGEUX, Jean-Pierre (Org.). *Fondements naturels de l'éthique*. Paris: Odile Jacob, 1991.
D'ARCY THOMPSON, W. *On Growth and Form*, 1917. (Trad. francesa: *Forme et croissance*. Paris: Seuil/CNRS, 1994.)

DAWKINS, Richard *The Selfish Gene*. Oxford University Press, 1976, 2ª ed., 1989. (Trad. francesa: *Le gène égoïste*. Paris: Armand Colin, 1990. Trad. brasileira: *O gene egoísta*. Belo Horizonte/São Paulo: Itatiaia/EDUSP, 1979.)

DAZZI, N. Darwin psychologue. In: *De Darwin au darwinisme*. Paris: Vrin, 1983.

GAYON, J. *Darwin et l'après Darwin: une histoire de l'hypothèse de sélection naturelle*. Paris: Kimé, 1992.

HERBERT, S. Darwin, Malthus and Selection. *Journal of the History of Biology*, vol. 4, nº 1, 1971.

HULL, David L. *Darwin and His Critics: The Reception of Darwin's Theory of Evolution by the Scientific Community*. Cambridge, Mass.: Harvard University Press, 1973.

LECOURT, Dominique. *L'Amérique entre la Bible et Darwin*. Paris: PUF, 1992.

LÉONARD, J. Eugénisme et darwinisme. Espoirs et perplexités chez les médecins français du XIXᵉ siècle. In: *De Darwin au darwinisme*. Paris: Vrin, 1983, p. 187-208.

REY, Roselyne. Erasme Darwin et la théorie de la génération. In: *Nature, Histoire, Société, Essais en hommage à Jacques Roger*. Paris: Klincksieck, 1995.

ROGER, Jacques. L'eugénisme, 1850-1950. In: *Pour une histoire des sciences à part entière*. Paris: Albin Michel, 1995, p. 406-31.

RUSE, Michael. Darwin's Debt to Philosophy: an Examination of the Political Ideas of John F. W. Herschel and William Whewell. *Studies in the History of the Philosophy of Science*, 6, 1975, p. 159-81.

SOBER, Elliot. *The Nature of Selection: Evolutionary Theory in Philosophical Focus*. Cambridge: MIT Press, 1984.

STIEGLER, Barbara. Nietzsche lecteur de Darwin, *Revue Philosophique*, nº 3, 1998, p. 377-95.

TORT, Patrick. *Pour Darwin* (contém também as traduções para o francês de dois textos de Darwin: "Esquisse biographique d'un petit enfant" e "Essai posthume sur l'instinct"). Paris: PUF, 1997.

WEINDLING, P. Les biologistes de l'Allemagne nazie: idéologues ou technocrates? In: *Histoire de la génétique, Pratiques, Techniques et Théories*. A. R. P. E. M. & Éditions Sciences en Situation, 1990, p. 127-52.

ESTE LIVRO FOI COMPOSTO EM SABON
CORPO 10,7 POR 13,5 E IMPRESSO SOBRE
PAPEL OFF-SET 90 g/m² NAS OFICINAS DA
BARTIRA GRÁFICA, SÃO BERNARDO DO
CAMPO-SP, EM ABRIL DE 2004